国家重点研发计划(2019YFB1704600)资助出版

有限元软件 COMSOL Multiphysics 在工程中的应用

李 辉 申胜男 编著

科学出版社

北 京

内 容 简 介

本书基于 COMSOL Multiphysics 的实际工程案例，从物理模型介绍、数值模型建立、问题求解以及结果后处理等方面展开叙述，对模型初始设置、全局定义、几何构建、材料定义、多物理场参数设置、网格划分、求解参数设置等进行介绍。本书叙述方法新颖，可帮助读者了解如何逐步建立复杂模型并进行仿真分析，读者按照书中的步骤操作即可完成每个案例的模拟与分析，逐步熟练使用 COMSOL Multiphysics 软件进行仿真。

本书既注重理论方法研究，又结合工程实际需求，步骤详细，通俗易懂，可供从事和学习金属增材制造和电子制造的科研人员、工程技术人员以及高校师生参考。

图书在版编目（CIP）数据

有限元软件COMSOL Multiphysics在工程中的应用 / 李辉，申胜男编著.
—北京：科学出版社，2023.3

ISBN 978-7-03-074064-9

Ⅰ.①有… Ⅱ.①李… ②申… Ⅲ.①工程技术-有限元分析-应用软件 Ⅳ.①TB-39

中国版本图书馆CIP数据核字（2022）第224719号

责任编辑：裴 育 朱英彪 赵微微 / 责任校对：崔向琳
责任印制：吴兆东 / 封面设计：蓝正设计

科 学 出 版 社 出版
北京东黄城根北街 16 号
邮政编码：100717
http://www.sciencep.com
北京中科印刷有限公司 印刷
科学出版社发行 各地新华书店经销

*

2023 年 3 月第 一 版 开本：720 × 1000 1/16
2023 年 10 月第二次印刷 印张：17 1/4
字数：348 000
定价：128.00 元
（如有印装质量问题，我社负责调换）

前　言

　　COMSOL 公司是全球多物理场建模与仿真解决方案的提倡者和领导者，工程师和科学家可以通过模拟，赋予设计理念以生命。其旗舰产品 COMSOL Multiphysics 是以有限元法为基础，通过求解偏微分方程（单场）或偏微分方程组（多场）来实现真实物理现象的仿真，被当今世界科学家称为"第一款真正的任意多物理场直接耦合分析软件"。COMSOL Multiphysics 具有高效的计算性能和杰出的多场双向直接耦合分析能力，可实现高度精确的数值仿真，已经在声学、电磁学、半导体等领域得到了广泛应用。

　　本书共 7 章，每章对应一个工程案例，由浅入深，详细地讲解了每一步操作。本书全部案例源于国家重点研发计划、广东省重点领域研发计划等项目。第 1 章介绍激光粉末床熔融熔池特性仿真分析，通过建立多物理场耦合三维数值模拟模型，揭示激光粉末床熔融熔池特性；第 2 章通过建立含气孔缺陷的二维数值仿真模型，对激光粉末床熔融过程中的气孔缺陷演化进行研究，从而明晰熔池流场分布、气泡在熔池中的运动轨迹以及最终演化结果；第 3 章建立粗糙表面的二维数值仿真模型，基于水平集法追踪粗糙表面，揭示激光清洗过程中粗糙表面的演化过程；第 4 章对激光定向能量沉积粉末熔化过程进行数值模拟，建立流体传热、层流两相流水平集模型，对激光定向能量沉积过程中金属粉末熔滴表面进行追踪，从而明晰熔滴形态变化过程；第 5 章使用固体传热和固体力学知识，结合激光加工过程中的热弹效应、热固耦合、瞬态热传导，建立含有孔洞缺陷的二维数值仿真模型，对超声波与孔洞缺陷的作用机理进行研究；第 6 章结合化学、流体等物理场耦合，模拟柔性印制电路板（printed circuit board）蚀刻工艺制造过程中化学反应的变化过程及其蚀刻腔轮廓变化，使读者掌握建立移动边界和自动网格重新划分的方法；第 7 章建立压力传感器数值模拟模型，利用热应变方程来描述焊点和灌封胶的热膨胀产生的应变，计算焊点处蠕变应变，通过稳定后蠕变应变增量选择 Coffin-Manson 疲劳模型来计算焊点在温度冲击载荷下的疲劳寿命。本书相关科研成果分别发表在 *Journal of Physics D—Applied Physics*、*Journal of Alloys and Compounds*、*Applied Sciences*、*Materials*、*Materials Characterization* 等期刊。

　　本书由武汉大学李辉教授、申胜男副教授撰写。研究生周剑涛、吕纯池、闵亚洲、盛家正、吴康康、张云帆、张泉勇、李秀花、刘鑫、薛子凡、刘梓轩等参与了编校工作，本科生徐晟最、蒋辉龙、曹顺成、陈傲杰等进行了仔细的案例验证与文字校核，在此一并表示感谢！

感谢国家重点研发计划"网络协同制造和智能工厂"重点专项项目(2019YFB1704600)以及国家重点研发计划"增材制造与激光制造"重点专项项目(2017YFB1103900)的资助。

由于作者水平有限，书中难免存在不足之处，恳请广大读者批评指正。读者可通过电子邮箱 li_hui@whu.edu.cn 与我们交流，也可以联系我们获取模型源文件。

目　　录

前言

第1章　激光粉末床熔融熔池特性仿真分析 ··· 1
1.1　案例介绍 ·· 1
1.2　物理模型 ·· 2
1.3　建立数值模拟模型 ·· 2
　　1.3.1　步骤1：模型初始设置 ··· 2
　　1.3.2　步骤2：全局定义 ·· 4
　　1.3.3　步骤3：构建几何 ··· 10
　　1.3.4　步骤4：定义材料 ··· 19
　　1.3.5　步骤5：定义"层流两相流，动网格" ···································· 20
　　1.3.6　步骤6：定义流体传热 ·· 26
　　1.3.7　步骤7：划分网格 ··· 33
1.4　问题求解 ·· 36
1.5　结果后处理 ··· 41

第2章　激光粉末床熔融气孔缺陷演化仿真分析 ···································· 49
2.1　案例介绍 ·· 49
2.2　物理模型 ·· 49
2.3　建立数值模拟模型 ·· 50
　　2.3.1　步骤1：模型初始设置 ·· 50
　　2.3.2　步骤2：全局定义 ··· 52
　　2.3.3　步骤3：构建几何 ··· 60
　　2.3.4　步骤4：定义材料 ··· 63
　　2.3.5　步骤5：定义流体流动 ·· 64
　　2.3.6　步骤6：定义流体传热 ·· 68
　　2.3.7　步骤7：定义水平集 ··· 73
　　2.3.8　步骤8：划分网格 ··· 74
2.4　问题求解 ·· 77
2.5　结果后处理 ··· 80

第3章　激光粉末床熔融工件表面激光清洗仿真分析 ······························ 83
3.1　案例介绍 ·· 83

3.2 物理模型 ·· 83
3.3 建立数值模拟模型 ·· 84
　　3.3.1 步骤 1：模型初始设置 ································· 84
　　3.3.2 步骤 2：全局定义 ······································ 85
　　3.3.3 步骤 3：构建几何 ······································ 91
　　3.3.4 步骤 4：定义材料 ······································ 96
　　3.3.5 步骤 5：定义流体流动 ·································· 97
　　3.3.6 步骤 6：定义流体传热 ································· 100
　　3.3.7 步骤 7：定义水平集 ··································· 103
　　3.3.8 步骤 8：划分网格 ····································· 105
3.4 问题求解 ·· 108
3.5 结果后处理 ·· 109

第 4 章　激光定向能量沉积粉末熔化形态演化仿真分析 ············· 116
4.1 案例介绍 ·· 116
4.2 物理模型 ·· 116
4.3 建立数值模拟模型 ··· 117
　　4.3.1 步骤 1：模型初始设置 ································ 117
　　4.3.2 步骤 2：全局定义 ····································· 120
　　4.3.3 步骤 3：构建几何 ····································· 129
　　4.3.4 步骤 4：定义材料 ····································· 132
　　4.3.5 步骤 5：定义流体流动 ································· 136
　　4.3.6 步骤 6：定义流体传热 ································· 141
　　4.3.7 步骤 7：定义水平集 ··································· 146
　　4.3.8 步骤 8：划分网格 ····································· 148
4.4 问题求解 ·· 152
　　4.4.1 步骤 1：相初始化设置 ································· 152
　　4.4.2 步骤 2：瞬态设置 ····································· 153
　　4.4.3 步骤 3：稳态求解器设置 ······························ 154
4.5 结果后处理 ·· 159

第 5 章　孔洞缺陷激光超声检测仿真分析 ························· 164
5.1 案例介绍 ·· 164
5.2 物理模型 ·· 164
5.3 建立数值模拟模型 ··· 165
　　5.3.1 步骤 1：模型初始设置 ································· 165
　　5.3.2 步骤 2：构建几何 ····································· 167
　　5.3.3 步骤 3：全局定义 ····································· 168

　　　　5.3.4　步骤 4：定义材料 ·· 170
　　　　5.3.5　步骤 5：设置固体力学 ·· 170
　　　　5.3.6　步骤 6：设置固体传热 ·· 171
　　　　5.3.7　步骤 7：划分网格 ··· 174
　　　　5.3.8　步骤 8：定义多物理场 ··· 175
　　　　5.3.9　步骤 9：定义域点探针和域探针 ·· 176
　　5.4　问题求解 ··· 179
　　　　5.4.1　步骤 1：设置时间步 ··· 179
　　　　5.4.2　步骤 2：设置求解器配置 ··· 179
　　　　5.4.3　步骤 3：启动计算 ··· 181
　　5.5　结果后处理 ··· 181
　　　　5.5.1　步骤 1：绘制应力云图 ·· 181
　　　　5.5.2　步骤 2：绘制探针图 ··· 187

第 6 章　柔性 PCB 蚀刻工艺仿真分析 ·· 189
　　6.1　案例介绍 ··· 189
　　6.2　物理模型 ··· 190
　　6.3　建立数值模拟模型 ··· 190
　　　　6.3.1　步骤 1：模型初始设置 ·· 190
　　　　6.3.2　步骤 2：全局定义 ··· 192
　　　　6.3.3　步骤 3：构建几何 ··· 194
　　　　6.3.4　步骤 4：添加材料 ··· 197
　　　　6.3.5　步骤 5：定义稀物质传递 ··· 197
　　　　6.3.6　步骤 6：定义层流 ··· 200
　　　　6.3.7　步骤 7：定义变形几何 ·· 201
　　　　6.3.8　步骤 8：划分网格 ··· 204
　　6.4　问题求解 ··· 204
　　　　6.4.1　步骤 1：设置时间步 ··· 204
　　　　6.4.2　步骤 2：设置求解器配置 ··· 204
　　　　6.4.3　步骤 3：启动计算 ··· 205
　　6.5　结果后处理 ··· 206
　　　　6.5.1　步骤 1：数据集二维镜像 ··· 206
　　　　6.5.2　步骤 2：绘制蚀刻液浓度分布云图 ·· 207
　　　　6.5.3　步骤 3：绘制蚀刻液流场分布云图 ·· 209
　　　　6.5.4　步骤 4：绘制蚀刻腔轮廓位置图 ·· 211

第 7 章　金丝键合焊点处热疲劳仿真分析 ··································· 214
　　7.1　案例介绍 ··· 214

7.2　物理模型 ·· 215

7.3　建立数值模拟模型 ·· 215

　　7.3.1　步骤 1：模型初始设置 ·· 215

　　7.3.2　步骤 2：全局定义 ·· 217

　　7.3.3　步骤 3：构建几何 ·· 221

　　7.3.4　步骤 4：定义固体力学 ·· 234

　　7.3.5　步骤 5：定义蠕变疲劳 ·· 239

　　7.3.6　步骤 6：定义塑性疲劳 ·· 241

　　7.3.7　步骤 7：定义材料 ·· 243

　　7.3.8　步骤 8：划分网格 ·· 246

7.4　问题求解 1 ·· 250

　　7.4.1　步骤 1：设置时间步 ·· 250

　　7.4.2　步骤 2：设置求解器配置 ·· 250

7.5　结果后处理 1 ··· 251

　　7.5.1　步骤 1：设置应力 ·· 251

　　7.5.2　步骤 2：绘制蠕变应变曲线 ·· 254

　　7.5.3　步骤 3：绘制塑性应变曲线 ·· 254

　　7.5.4　步骤 4：应力应变曲线(蠕变) ·· 257

　　7.5.5　步骤 5：应力应变曲线(塑性) ·· 260

7.6　问题求解 2 ·· 262

　　7.6.1　步骤 1：添加研究(蠕变) ·· 262

　　7.6.2　步骤 2：设置研究(蠕变) ·· 263

7.7　结果后处理 2 ··· 263

7.8　问题求解 3 ·· 264

　　7.8.1　步骤 1：添加研究(塑性) ·· 264

　　7.8.2　步骤 2：设置研究(塑性) ·· 264

7.9　结果后处理 3 ··· 265

参考文献 ·· 266

第1章　激光粉末床熔融熔池特性仿真分析

1.1　案例介绍

增材制造（additive manufacturing，AM），又称 3D 打印，该技术因其独特的"逐层制造"的加工方式，理论上可以毫无限制地造出具有任意几何形状的工件，有望解决生物医疗、航空航天和汽车运输等领域对钛合金、镍基合金、高强度铝合金、特殊合金钢等金属材料关键构件的轻质、高效和高可靠性需求，是新一代先进制造的代表之一。激光粉末床熔融技术是金属增材制造领域的重要技术之一，其主要思路是使用高能束激光加工基板上的粉床，打印一层，铺一层粉，直至零件成型。

激光粉末床熔融制造工艺非常复杂，目前对激光粉末床熔融的研究大多依据试验手段，研究材料的组织性能，激光加工过程的物理机制并不清晰。特别是激光粉末床熔融过程中的熔池演化特性研究较少，大部分研究都是使用简化模型，忽视了一些重要的物理现象，导致模拟的准确性大大降低，难以真实地反映熔池演化特性。对于熔融金属的金属增材制造工艺，其过程总是会涉及金属材料的相变过程（熔融、凝固）。一般金属合金的凝固过程都涉及"糊状区域"，在这个区域内固体和液体同时存在，并且在很宽的时间和空间尺度上发生了迁移现象，因此金属合金熔融凝固过程的数值模拟通常具有挑战性。

为了更好地理解激光粉末床熔融工艺过程中的熔池演化，以深入研究激光与材料相互作用的熔池流动机理，本章基于多物理场耦合仿真软件 COMSOL Multiphysics 5.3，选用层流两相流和传热模块，考虑激光加工过程中的材料相变、表面张力、马兰戈尼力以及反冲压力，建立多物理场耦合三维数值模拟模型，通过任意拉格朗日-欧拉（arbitrary Lagrangian-Eulerian，ALE）法模拟熔池自由表面的演化过程，耦合热传递-流体流动两个物理场，模拟熔池的传热、流动、表面形貌、内部压力变化等多种动态特性[1]。

本章将向读者介绍一个激光粉末床熔融熔池特性仿真分析的案例，通过本例的学习，读者可以掌握如何使用 COMSOL 多物理场模型模拟激光粉末床熔融过程，深入了解激光加工过程的物理机制以及熔池的演化。本例中使用的计算机配置为 8 核@2.2GHz 的中央处理器（central processing unit，CPU），4×128GB 内存，完整计算大约需 32h。

1.2　物　理　模　型

如图 1-1 所示，建立三维多物理场耦合模型，其中模型长度(L)×宽度(W)×高度(H)为 1600μm×800μm×400μm。本案例模型材料选择 Ti6Al4V，为了减少计算成本，选择对称模型，其中 yz 平面为对称面，并使用任意拉格朗日-欧拉动网格技术，保证网格在激光加工过程中自由变形，以提高计算精度，保证计算效率。

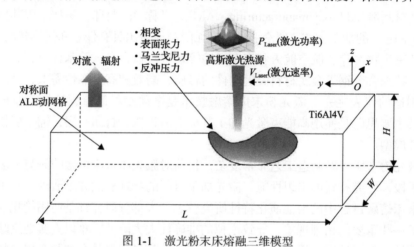

图 1-1　激光粉末床熔融三维模型

在空间上呈高斯分布的激光热源加热打印件表面，在达到材料熔点后，打印件上表面形成熔池，并随着激光的移动，沿着 y 轴正方向移动。同时，在本案例模型中，也考虑了材料熔融和凝固过程中的相变、激光加热过程中的马兰戈尼效应、表面张力以及材料蒸发引起的反冲压力。

1.3　建立数值模拟模型

基于上述的物理模型，建立数值模拟模型。模型建立过程主要包括：模型初始设置；全局定义；构建几何；定义材料；定义层流两相流，动网格；定义流体传热；划分网格。

1.3.1　步骤 1：模型初始设置

1. 打开 COMSOL Multiphysics 软件

双击 COMSOL Multiphysics 软件快捷方式，弹出如图 1-2 所示的窗口。

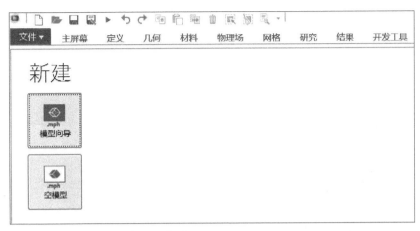

图 1-2　启动 COMSOL Multiphysics

2. 选择空间维度

单击"模型向导"按钮，新建模型，弹出如图 1-3 所示的选择空间维度窗口，单击"三维"按钮。

图 1-3　选择空间维度

3. 选择多物理场

在弹出的如图 1-4 所示的选择物理场窗口中，先后选择"流体流动→多相流→两相流，动网格→层流两相流，动网格(tpfmm)"、"传热→流体传热(ht)"选项，单击"添加"按钮完成每个物理场的选择。

4. 添加研究

单击位于图 1-4 右下方的"研究"按钮，弹出如图 1-5 所示的选择研究对话框，选择"所选物理场接口的预设研究→瞬态"选项，单击"完成"按钮。

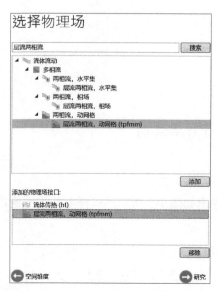

图 1-4　选择多物理场　　　　　　　图 1-5　添加研究

1.3.2　步骤 2：全局定义

1. 定义参数

在模型开发器窗口中，展开"全局定义"选项，单击"参数"，在参数设置窗口中建立如图 1-6 所示参数。其中"p_laser"代表激光功率，设定为"200[W]"；"v_laser"代表激光扫描速率，设定为"800[mm/s]"；"r_spot"代表激光光斑半径，设定为"100[um]"（注意实际单位应为"μm"）；"emissivity"代表辐射率，设定为"0.39"。

2. 定义变量

右击"全局定义"，执行"变量"命令，在变量设置窗口中建立如图 1-7 所示变量。其中"y_focus"代表激光光斑移动位置，设置为"-400[um]+v_laser*t"；"x_focus"代表激光光斑 x 轴位置，设置为"0[um]"；"r_focus2"代表激光光斑大小，设置为"(x-x_focus)^2+ (y-y_focus)^2"；"Flux"代表高斯移动激光热源，设置为"((2*p_laser)/(pi*r_spot^2))* exp(-2*r_focus2/(r_spot^2))"。

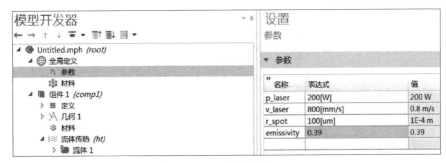

图 1-6　定义参数

图 1-7　定义变量

3. 定义高斯脉冲函数

右击"全局定义"，执行"函数→高斯脉冲"命令，新建高斯脉冲函数"高斯脉冲 1(gp1)"，参数设置如图 1-8 所示。

4. 定义阶跃函数 1

右击"全局定义"，执行"函数→阶跃"命令，新建阶跃函数"阶跃 1(step1)"（代表材料黏度变化），参数设置如图 1-9 所示。

5. 定义斜坡函数

右击"全局定义"，执行"函数→斜坡"命令，新建斜坡函数"斜坡 1(h_a)"，参数设置如图 1-10 所示。

6. 定义阶跃函数 2

右击"全局定义"，执行"函数→阶跃"命令，新建阶跃函数"阶跃 2(step2)"，参数设置如图 1-11 所示。

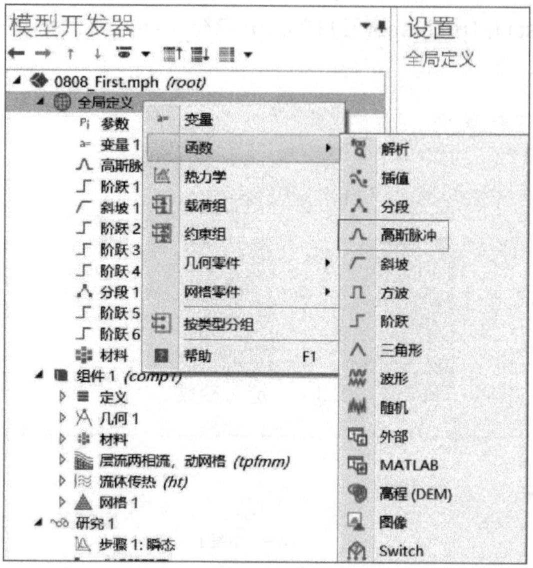

(a)

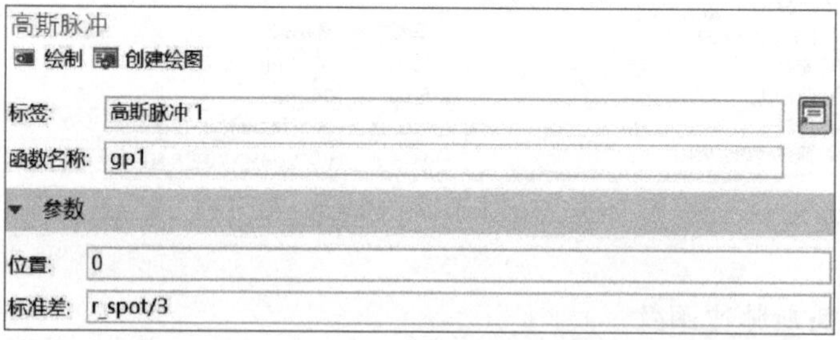

(b)

图 1-8 定义高斯脉冲函数

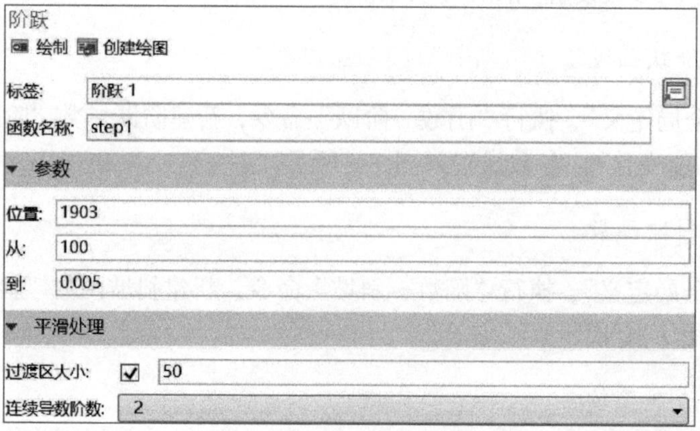

图 1-9 定义阶跃函数 1

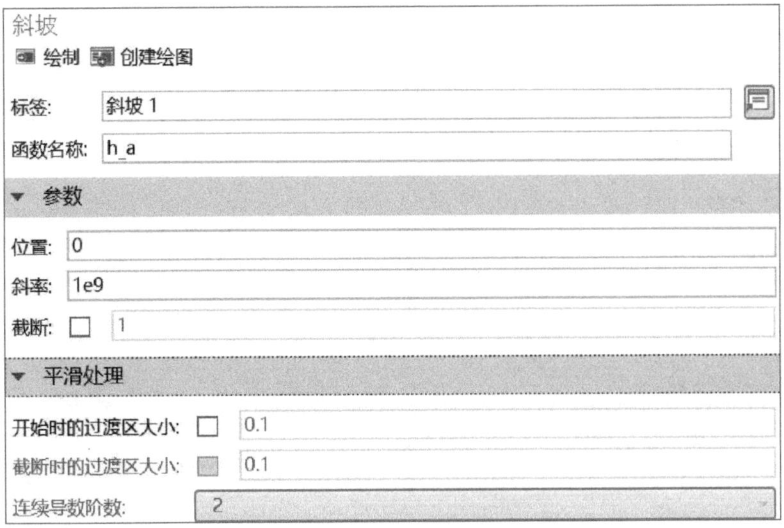

图 1-10　定义斜坡函数

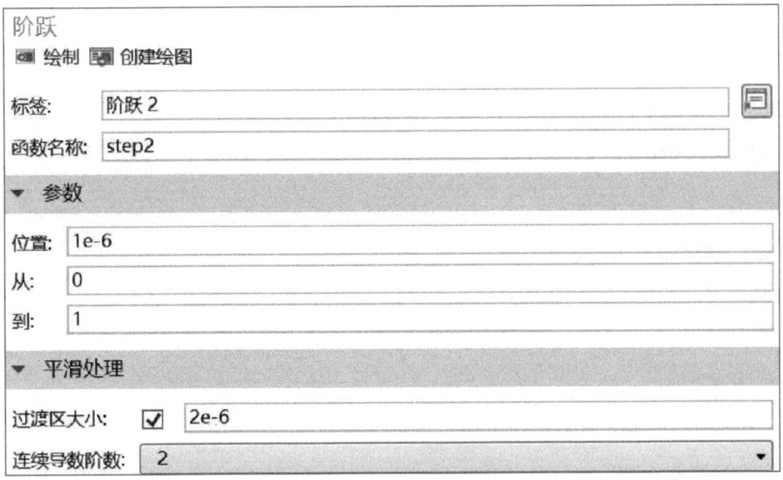

图 1-11　定义阶跃函数 2

7. 定义阶跃函数 3

右击"全局定义"，执行"函数→阶跃"命令，新建阶跃函数"阶跃 3（step3）"，参数设置如图 1-12 所示。

8. 定义阶跃函数 4

右击"全局定义"，执行"函数→阶跃"命令，新建阶跃函数"阶跃 4（step4）"，参数设置如图 1-13 所示。

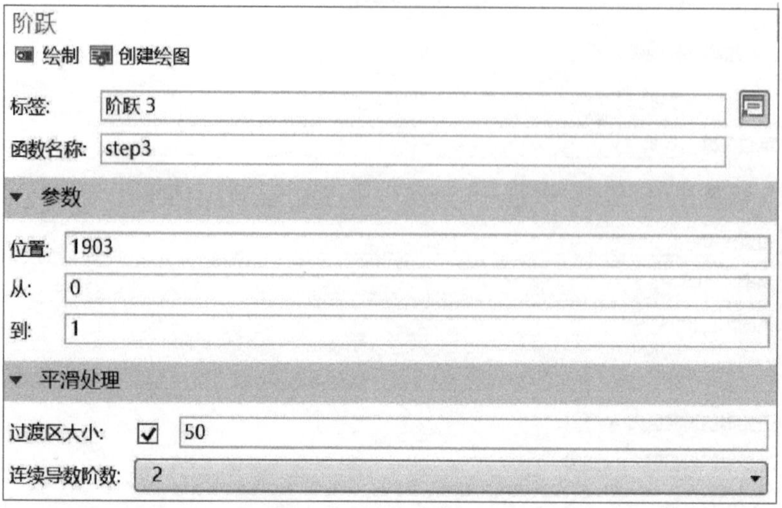

图 1-12　定义阶跃函数 3

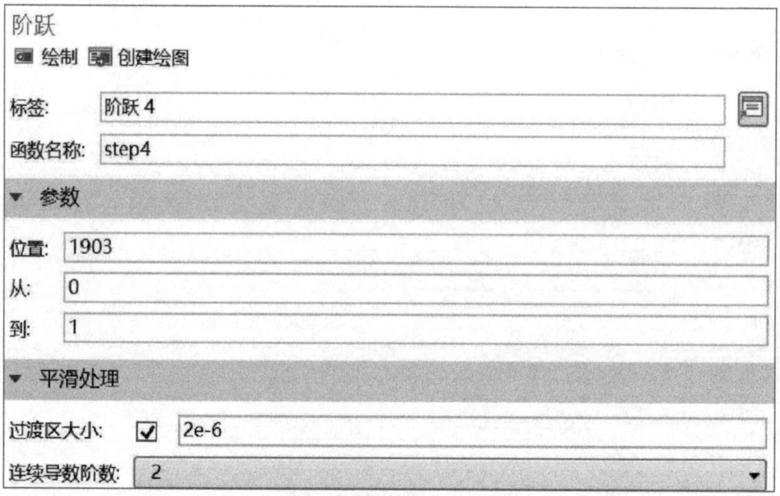

图 1-13　定义阶跃函数 4

9. 定义分段函数

右击"全局定义",执行"函数→分段"命令,新建分段函数"分段 1(psat1)",参数设置如图 1-14 所示。

10. 定义阶跃函数 5

右击"全局定义",执行"函数→阶跃"命令,新建阶跃函数"阶跃 5 (emissivity)",参数设置如图 1-15 所示。

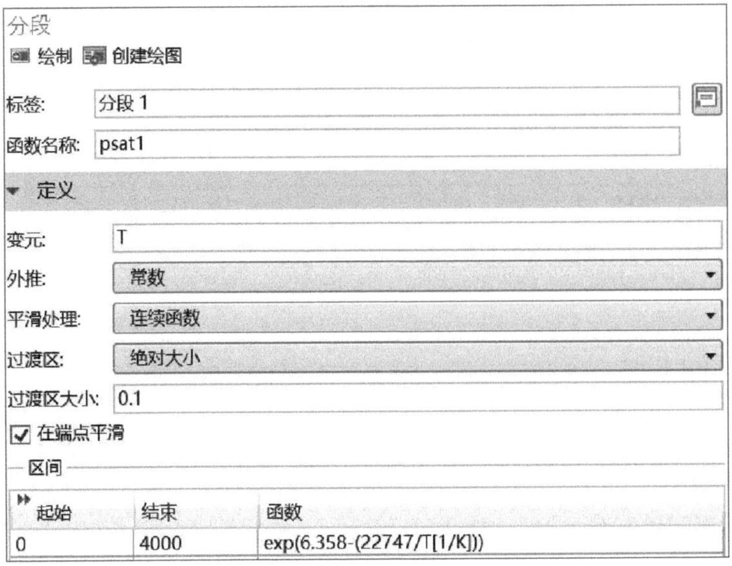

图 1-14　定义分段函数

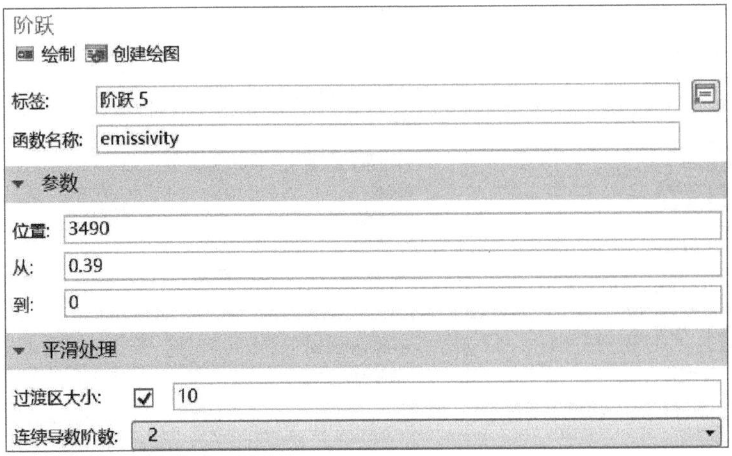

图 1-15　定义阶跃函数 5

11. 定义阶跃函数 6

右击"全局定义"，执行"函数→阶跃"命令，新建阶跃函数"阶跃 6（step6）"，参数设置如图 1-16 所示。

12. 定义边界坐标系

展开"组件 1（comp1）→定义"选项，如图 1-17（a）所示单击"边界坐标系 1（sys1）"，在边界坐标系设置窗口中保持默认即可，如图 1-17（b）所示。

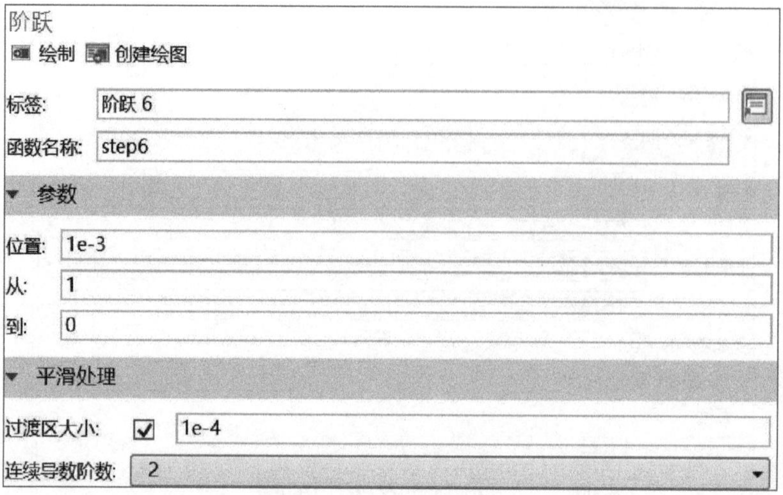

图 1-16　定义阶跃函数 6

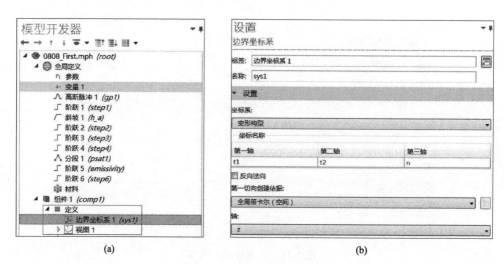

(a)　　　　　　　　　　　　　　　　　　　(b)

图 1-17　定义边界坐标系

1.3.3　步骤 3：构建几何

1. 定义几何单位

在模型开发器窗口中，展开"组件 1(comp1)"选项，单击"几何 1"，在几何设置窗口中，"长度单位"选择"μm"，"角单位"选择"度"，其他设置如图 1-18所示。

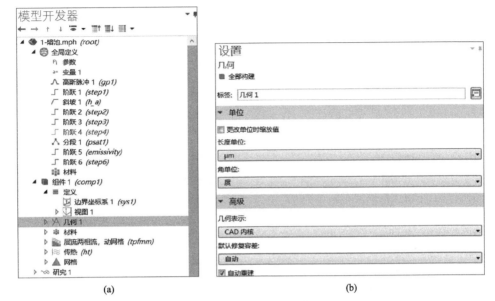

图 1-18　定义几何单位

2. 构建打印件几何

右击"几何 1",如图 1-19(a)所示,执行"长方体"命令,构建参数设置如图 1-19(b)所示的长方体代表打印件。

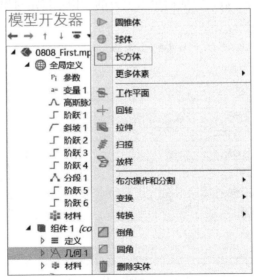

(a)

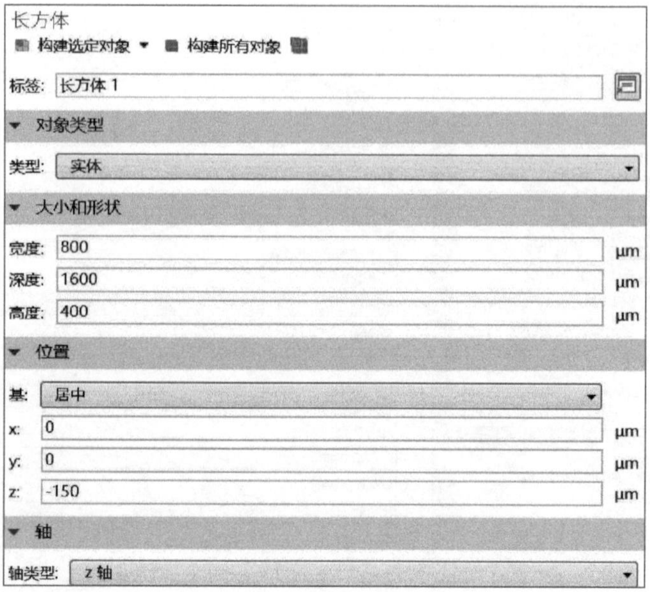

图 1-19　构建打印件几何

3. 构建工作平面 1

右击"几何 1"，执行"工作平面"命令，在弹出的如图 1-20 所示的工作平面设置窗口中设置相关参数，完成后单击上方的"构建选定对象"按钮。

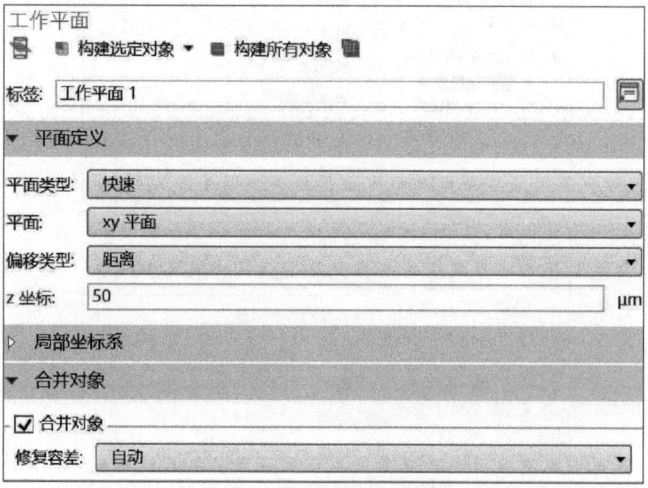

图 1-20　构建工作平面 1

在模型开发器窗口中，展开"工作平面 1(wp1)"选项，单击"平面几何"，完成如图 1-21 所示设置。右击"平面几何"，执行"圆"命令，在圆设置窗口设置"圆 1(c1)"，如图 1-22 所示；右击"平面几何"，执行"圆"命令，在圆设置窗口设置"圆 2(c2)"，如图 1-23 所示；右击"平面几何"，执行"切线"命令，在切线设置窗口设置"切线 1(tan1)"，如图 1-24 所示；右击"平面几何"，执行"切线"命令，在切线设置窗口设置"切线 2(tan2)"，如图 1-25 所示。

图 1-21　构建平面几何

图 1-22　构建圆 1

图 1-23　构建圆 2

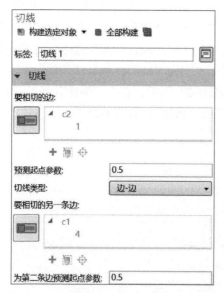

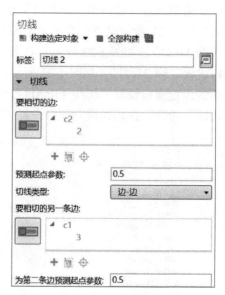

图 1-24　构建切线 1　　　　　　　　图 1-25　构建切线 2

4. 分割对象

在模型开发器窗口中，右击"几何 1"，执行"布尔操作和分割→分割对象"命令，完成如图 1-26 所示设置，单击"构建选定对象"按钮。

5. 删除实体

右击"几何 1"，执行"删除实体"命令，完成如图 1-27 所示设置，单击"构建选定对象"按钮，删除实体。

6. 转换为实体

右击"几何 1"，执行"转换→转换为实体"命令，完成如图 1-28 所示设置，单击"构建选定对象"按钮，转换为实体。

7. 定义视图 2

展开"工作平面 1（wp1）→视图 2"选项，单击"轴"，在如图 1-29 所示的轴设置窗口内，修改"x 最小值"、"x 最大值"、"y 最小值"、"y 最大值"，单击"更新"按钮。

8. 定义拉伸

右击"工作平面 1（wp1）"，执行"拉伸"命令，在如图 1-30 所示拉伸设置窗口中的"距离"栏,修改"距离(μm)"为20,勾选"反向"复选框,单击"构建选定对象"按钮。

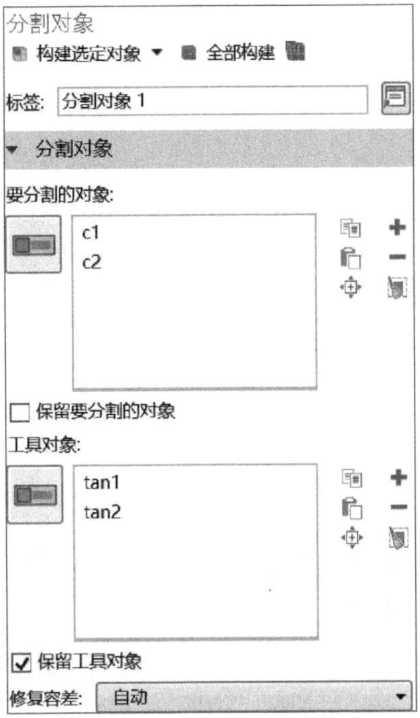

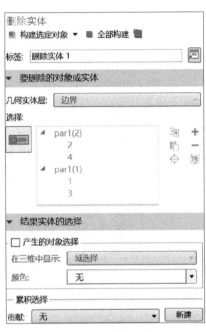

图 1-26　分割对象

图 1-27　删除实体

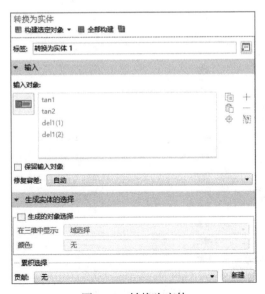

图 1-28　转换为实体

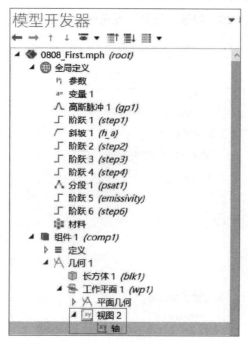

图 1-29　定义视图 2

图 1-30　定义拉伸

9. 构建工作平面 2

右击"几何 1"，执行"工作平面"命令，完成如图 1-31 所示设置，单击"构建选定对象"按钮。

图 1-31　构建工作平面 2

10. 定义视图 3

展开"工作平面 2(wp2)→视图 3"选项，单击"轴"，在如图 1-32 所示轴窗口内完成设置，修改"x 最小值"、"x 最大值"、"y 最小值"、"y 最大值"，单击"更新"按钮。

11. 定义分割域

右击"几何 1"，执行"布尔操作和分割→分割域"命令，完成如图 1-33 所示设置，单击"构建选定对象"按钮。

12. 删除实体

右击"几何 1"，执行"删除实体"命令，设置如图 1-34 所示窗口，单击"构建选定对象"按钮。

13. 形成联合体

在模型开发器窗口中单击"形成联合体(fin)"，单击"全部构建"按钮，窗口设置如图 1-35 所示。

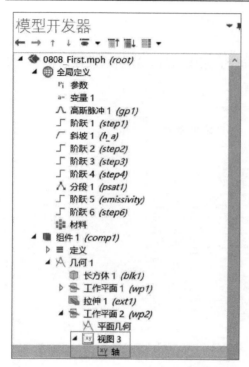

图 1-32　定义视图 3

图 1-33　定义分割域

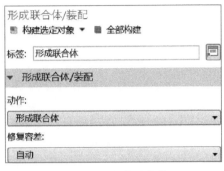

图 1-34　删除实体　　　　　　　　　　图 1-35　形成联合体

1.3.4　步骤 4：定义材料

1. 定义液态金属

在模型开发器窗口中，右击"材料"，执行"空材料"命令，如图 1-36(a)所示。在如图 1-36(b)所示的材料设置窗口中，将标签修改为"液态金属"，选择"所有域"选项，定义"密度"、"导热系数"、"恒压热容"、"比热率"及"动力黏度"。

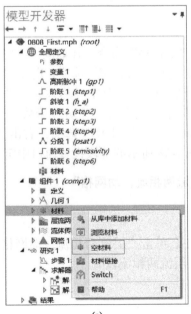

(a)

(b)

图 1-36　定义液态金属

注意，"材料属性明细"栏内的词条需要读者手动添加，具体为：展开"材料属性"栏内的"基本属性"选项，选择所需属性并单击该栏内的"＋"按钮进行添加。

2. 定义固态金属

右击"材料"，执行"空材料"命令，在如图 1-37 所示的材料设置窗口，将标签修改为"固态金属"，选择"所有域"选项，定义"导热系数"、"密度"、"恒压热容"、"比热率"及"动力黏度"，其中导热系数为"pw1(T[1/K])"。需要注意的是，在定义导热系数时，需要先建立一个分段函数。

展开"固态金属(mat2)→基本(def)"选项，右击"基本(def)"，执行"函数→分段"命令，在如图 1-38 所示的分段设置窗口中定义分段函数。

1.3.5　步骤 5：定义"层流两相流，动网格"

1. 定义物理模型

在模型开发器窗口中，单击"层流两相流，动网格(tpfmm)"，在如图 1-39 所示分段设置窗口中完成层流两相流设置。

2. 定义自由变形

展开"层流两相流，动网格(tpfmm)"选项，单击"自由变形 1"，在如图 1-40

所示的自由变形设置窗口，选中"所有域"，初始变形保持默认状态。

图 1-37　定义固态金属

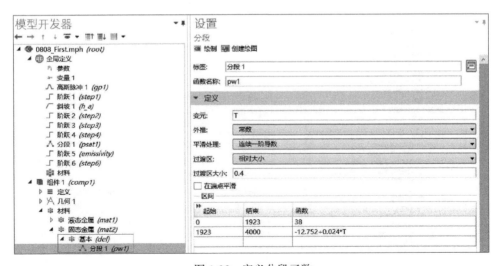

图 1-38　定义分段函数

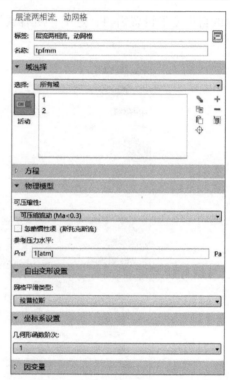

图 1-39　定义物理模型

图 1-40　定义自由变形

3. 定义流体属性

单击"流体属性 1"，打开如图 1-41 所示的流体属性设置窗口，在"动力黏度"下拉列表中选择"用户定义"，文本框中输入"step1（comp1.T[1/K]）"。

图 1-41　定义流体属性

4. 定义外部流体界面

右击"层流两相流，动网格(tpfmm)"，执行"外部流体界面"命令，打开如图 1-42 所示的外部流体界面设置窗口，"边界选择"设置为 4、8，即打印件上表面。在"自由表面"栏的"外压"文本框中输入"0.54*psat1（comp1.T[1/K]）[atm]"，"表面张力系数"下拉列表中选择"用户定义"，"表面张力系数"文本框中输入"1.525-step3（comp1.T[1/K]）*2.8e-4[N/（m*K)]*（comp1.T-1903[K]）"。

5. 定义压力点约束

右击"层流两相流，动网格(tpfmm)"，执行"点→压力点约束"命令，参数设置如图 1-43（a）所示，选择坐标为(400，–800，–350)的点（单位为 μm），即"点 13"。

6. 指定网格位移 2

右击"层流两相流，动网格(tpfmm)"，执行"动网格→指定网格位移"命令，新建"指定网格位移 2"，在如图 1-43（b）所示的指定网格位移设置窗口，"边界选择"设置为 2、10、12，"坐标系"选择"全局坐标系"，在"指定网格位移"栏勾选"指定 x 位移"和"指定 y 位移"复选框，不勾选"指定 z 位移"复选框。

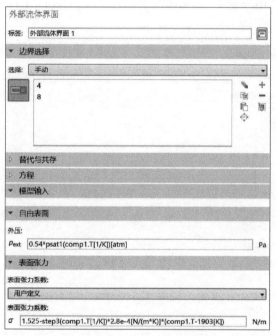

图 1-42　定义外部流体界面

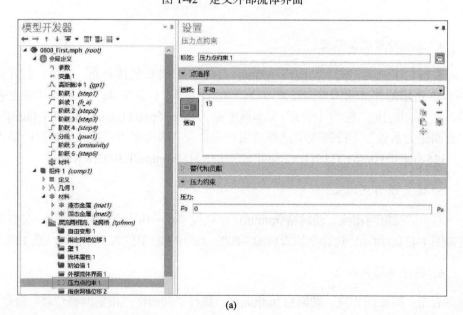

(a)

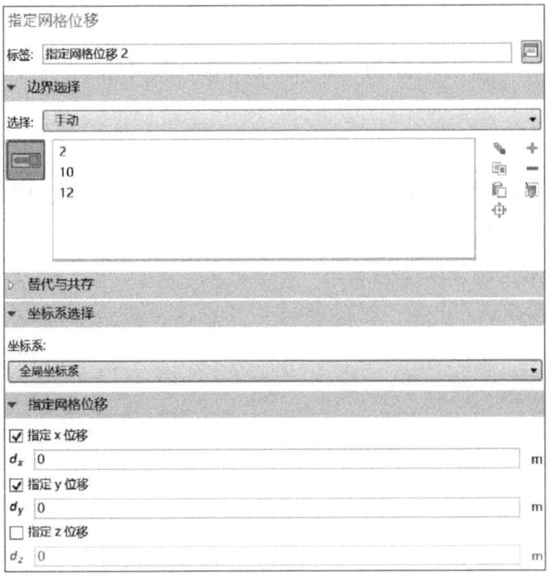

(b)

图 1-43　定义压力点约束和指定网格位移 2

7. 指定网格速度

右击"层流两相流，动网格(tpfmm)"，执行"动网格→指定网格速度"命令，新建"指定网格速度 1"，在如图 1-44 所示的指定网格速度窗口内，"边界选择"设

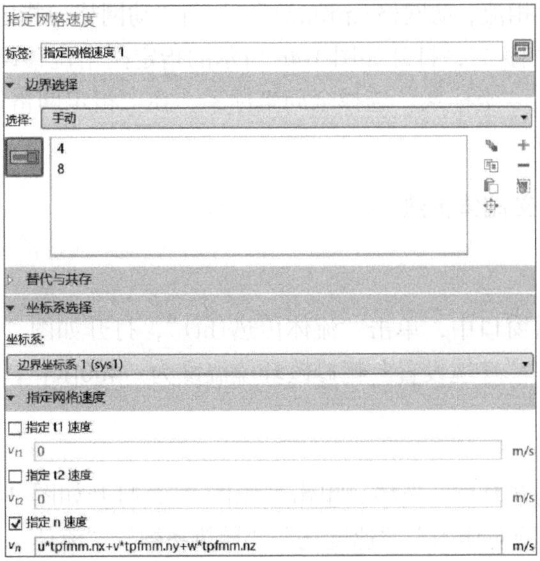

图 1-44　指定网格速度

置为 4、8，"坐标系"选择"边界坐标系 1(sys1)"，在"指定网格速度"栏勾选"指定 n 速度"复选框，"v_n"设置为"u*tpfmm.nx+v*tpfmm.ny+w*tpfmm.nz"。

8. 定义对称面

右击"层流两相流，动网格(tpfmm)"，执行"层流→对称"命令，在如图 1-45 所示的对称设置窗口，"边界选择"设置为 1、5。

图 1-45　定义对称面

9. 指定网格位移 3

右击"层流两相流，动网格(tpfmm)"，执行"动网格→指定网格位移"命令，新建"指定网格位移 3"，打开如图 1-46 所示的指定网格位移设置窗口，"边界选择"设置为 1、5，"坐标系"选择全局坐标系，在"指定网格位移"栏勾选"指定 x 位移"复选框。

1.3.6　步骤 6：定义流体传热

1. 环境设置

在模型开发器窗口中，单击"流体传热(ht)"，打开如图 1-47(a)所示的流体传热设置窗口，在"环境设置"栏修改环境温度为"400[K]"。

2. 定义流体

展开"流体传热(ht)"选项，单击"流体 1"，打开如图 1-47(b)所示的流体设置窗口，设置"绝对压力"、"速度场"、"导热系数"、"流体类型"、"密度"、"恒压热容"和"比热率"等。

3. 定义初始值

在模型开发器窗口中单击"初始值 1"，打开如图 1-48 所示的初始值设置窗口，初始值温度设置为"400[K]"。

图 1-46　指定网格位移 3

(a)

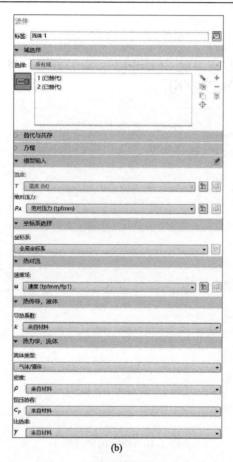

(b)

图 1-47　环境设置和定义流体

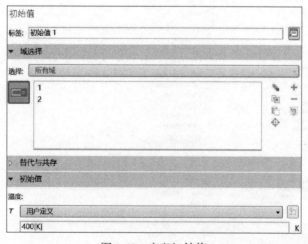

图 1-48　定义初始值

4. 定义热通量 1

右击"流体传热(ht)",执行"热通量"命令,如图 1-49(a)所示。打开热通量设置窗口,将标签修改为"热通量 1","边界选择"设置为 4、8,"广义向内热通量"文本框中输入"step6(t[1/s])*emissivity(comp1.T[1/K])*step2(t[1/s])*Flux",如图 1-49(b)所示。

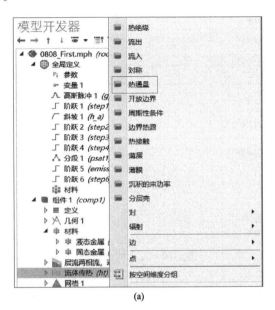

(a)

(b)

图 1-49　定义热通量 1

5. 定义恒温边界

右击"流体传热(ht)",执行"温度"命令,打开如图 1-50 所示的温度设置窗口,"边界选择"设置为 2、3、10、12,"温度"下拉列表中选择"用户定义"选项,文本框中输入"400[K]"。

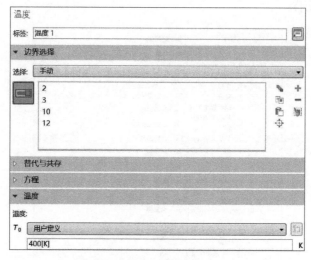

图 1-50　定义恒温边界

6. 定义热通量2

右击"流体传热(ht)",执行"热通量"命令,打开如图 1-51 所示的热通量设置窗口,"边界选择"选择打印件上表面(边界 4 和 8),"热通量"栏选择"对流热通量","传热系数"设置为 10,"外部温度"文本框中输入"400[K]"。

7. 定义相变材料

右击"流体传热(ht)",执行"相变材料"命令,打开如图 1-52 所示的相变设置材料窗口,"域选择"选择所有域,设置"相变"、"相 1"与"相 2"。

8. 定义对称

右击"流体传热(ht)",执行"对称"命令,打开图 1-53 所示的对称设置窗口,"边界选择"设置为"1、5",设置对称面。

9. 定义热辐射

右击"流体传热(ht)",执行"辐射→漫反射表面"命令,打开如图 1-54 所示的漫反射表面设置窗口，"边界选择"选择打印件上表面（边界 4 和 8），"表面辐射率"下拉列表选择"用户定义"，文本框输入"0.1536+1.8377e-4*（T-300[K]）[1/K]"；环境温度设置为"400[K]"。

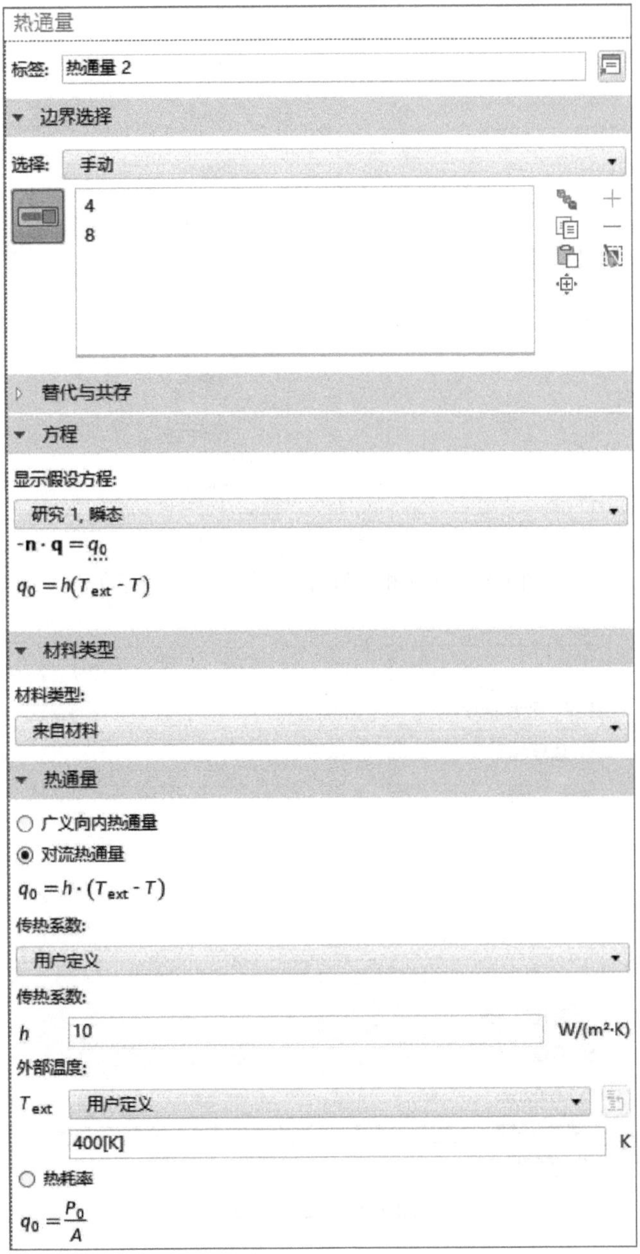

图 1-51　定义热通量 2

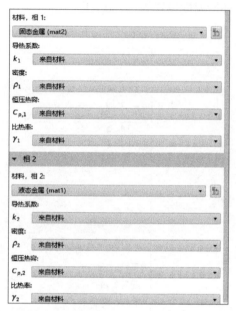

图 1-52　定义相变材料(为同一个窗口所截)

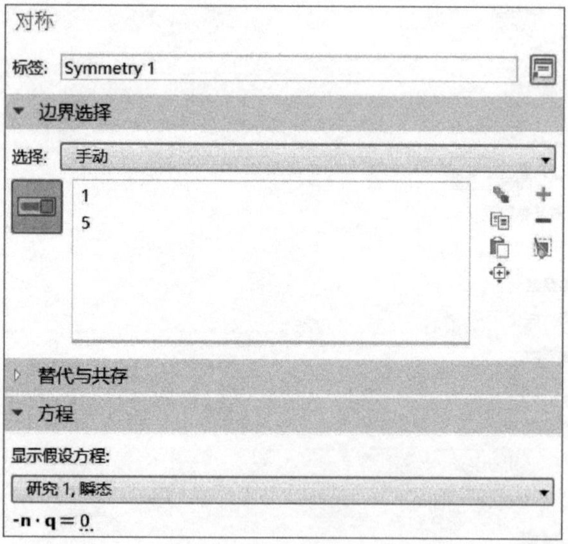

图 1-53　定义对称

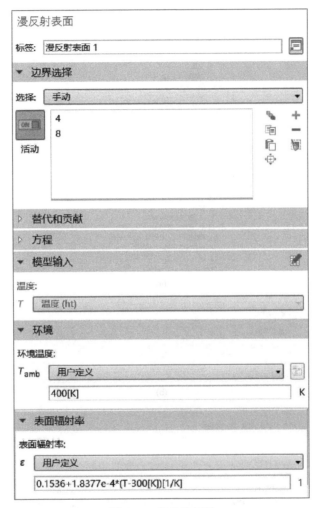

图 1-54　定义热辐射

1.3.7　步骤 7：划分网格

1. 网格初始设置以及定义网格大小

在模型开发器窗口中，选择"网格 1"选项，如图 1-55（a）所示。在打开的图 1-55（b）所示窗口中进行网格初始设置，在"序列类型"下拉列表中选择"用户控制网格"。选择"大小"选项，在打开的图 1-55（c）所示窗口中，在"校准为"下拉列表中选择"流体动力学"，"预定义"设置为"常规"。右击"大小 1"，执行"禁用"命令。

(a)

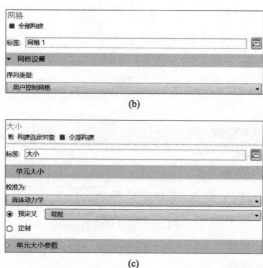

(b)

(c)

图 1-55　网格初始设置及定义大小

2. 设置自由四面体网格

右击"网格 1",执行"自由四面体网格"命令,参数设置如图 1-56(a)所示。右击"自由四面体网格 1",执行"大小"命令,在图 1-56(b)窗口中,选择域 1,从"校准为"下拉列表中选择"普通物理","预定义"设置为"极粗化"。

右击"自由四面体网格 1",执行"大小"命令,在图 1-56(c)窗口中将标签修改为"大小2"，选择域2，从"校准为"下拉列表中选择"流体动力学"，"预定义"设置为"较细化"，然后选中"定制"选项，在"最大单元大小"文本框中输入"10.45"，在"最大单元增长率"文本框中输入"1.1"。划分完成的网格如图1-56(d)所示。单击"全部构建"按钮，构建所有网格，忽视所有警告。

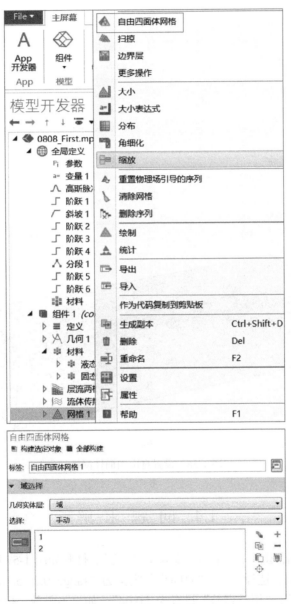

(a)

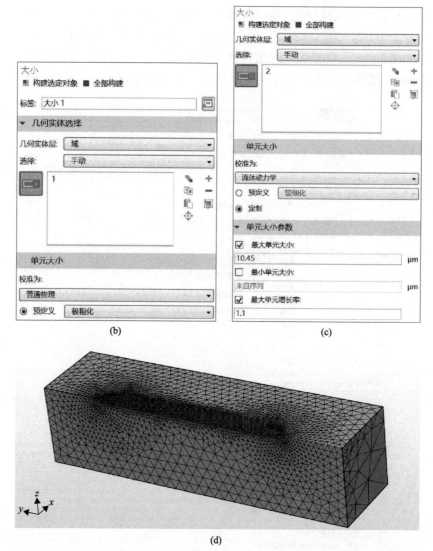

(b)

(c)

(d)

图 1-56　设置自由四面体网格

1.4　问题求解

在模型开发器窗口中，单击"步骤 1：瞬态"，打开如图 1-57 所示的瞬态设置窗口，"时间单位"选择"s"，"时间步"定义为"range (0,2e-5,1.2e-3)"，"容差"选择"用户控制"，"相对容差"设置为"0.04"，如果不收敛，也可以改为"物理场控制"，"物理场接口"勾选"层流两相流，动网格"、"流体传热"复选框。

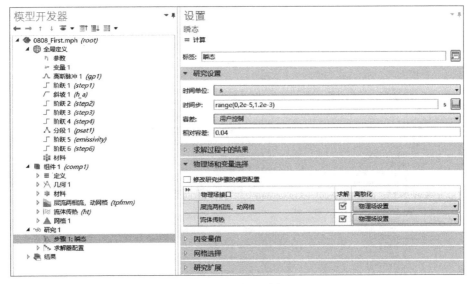

图 1-57　定义瞬态

右击"研究 1"，执行"显示默认求解器"命令，如图 1-58(a)所示。展开"求解器配置→解 1(sol1)→瞬态求解器 1"选项，右击"瞬态求解器 1"，执行"直接"命令，如图 1-58(b)所示，新建"直接 1"。右击"瞬态求解器 1"，执行"直接"命令。右击"直接 1"，执行"启用"命令，打开如图 1-58(c)所示的直接设置窗

(a)

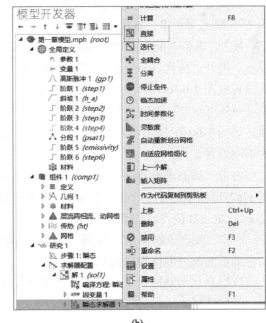

(b)

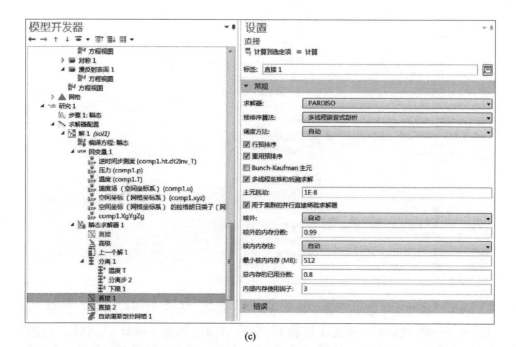

(c)

图 1-58　定义直接

口。直接 2 与直接 1 设置相同 (若单击"瞬态求解器 1"已存在"直接 1"和"直接 2",则无须新建,直接单击打开即可)。

展开"求解器配置→解 1 (sol1)→瞬态求解器 1→分离 1"选项,完成如图 1-59 设置。展开"分离 1→分离步 1"选项,修改"分离步 1"标签为"温度 T",其他设置如图 1-60 (a) 所示。需要注意的是"≡"为删除号,"+"为增添号。展开"分离 1→分离步 2"选项,在分离步骤设置窗口,"线性求解器"选择"直接 2"选项,如图 1-60 (b) 所示。右击"分离 1",执行"下限"命令,设置如图 1-61 所示的下限设置窗口。

右击"瞬态求解器 1",如图 1-62 (a) 所示,执行"上一个解"命令,打开如图 1-62 (b) 所示的上一个解设置窗口 (需要注意的是,"变量"选择"逆时间步测度 (comp1.ht.dt2Inv_T)"选项)。

右击"瞬态求解器 1",执行"自动重新剖分网格"命令,设置如图 1-63 所示的自动重新剖分网格设置窗口。

在模型开发器窗口中,单击"研究 1",在研究设置窗口内单击"=计算"按钮,开始计算。

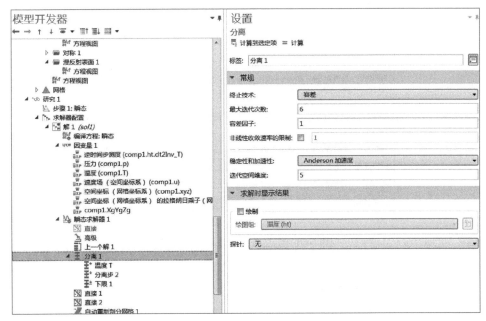

图 1-59　定义分离

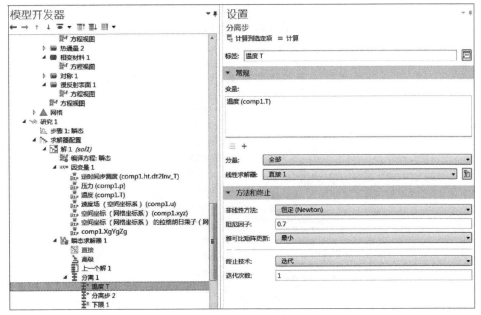

(a)

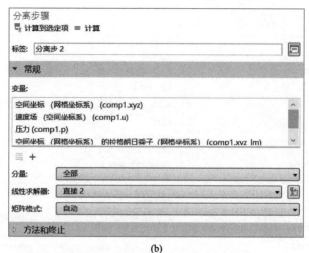

(b)

图 1-60　定义分离步 1 和分离步 2

图 1-61　定义下限

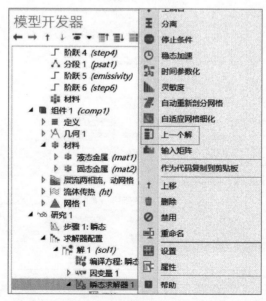

(a)

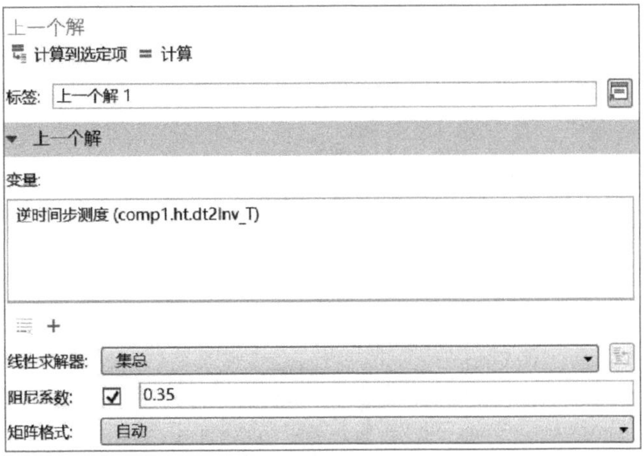

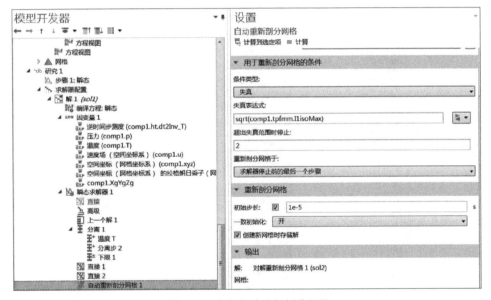

(b)

图 1-62 定义上一个解

图 1-63 定义自动重新剖分网格

1.5 结果后处理

在模型开发器窗口中，右击"结果"，执行"三维绘图组"命令，如图 1-64（a）所示，标签改为"温度（ht）"。右击"温度（ht）"，执行"表面"命令，打开表面设置窗口。在"表达式"栏，"表达式"文本框中输入"T"，"单位"文本框中输

(a)

(b)

图 1-64　结果后处理

入"K"。为取得更好的显示效果，可以固定云图的颜色。单击"表面"，在设置窗口中，在"范围"栏，勾选"手动控制颜色范围"复选框，最小值设置为"400"，最大值设置为"3500"，如图 1-64(b)所示。单击"温度(ht)"，在设置窗口中，数据集选择"研究 1/对解重新剖分网格 1(sol2)"选项，可以在"时间"中选择感兴趣的时刻。

激光粉末床熔融初始状态如图 1-65 所示，由于激光未加载，温度并没有任何变化，保持在初始温度，即 400K。激光加热过程，即 0.2～1.0ms 时激光粉末床熔融状态如图 1-66～图 1-70 所示，可以发现在打印表面形成移动的熔池。冷却完成后，即 1.2ms 时激光粉末床熔融状态如图 1-71 所示，打印件温度显著降低。需要注意的是，为了更好地展现效果，可以选择三维镜像和切面操作来显示熔池演化。三维镜像操作如图 1-72 所示。

熔池演化过程如图 1-73～图 1-76 所示。其中，图 1-74 显示的是切面 1(即 zx 平面偏移量输入 "-300e-6")的熔池演化特性。图 1-76 显示的是切面 2(即 zx 平面偏移量输入 "300e-6")的熔池演化特性。切面 1 和切面 2 的构建步骤为右击 "温度(ht)"，执行 "切面" 命令，完成如图 1-73 和图 1-75 所示设置。选择切面显示时，需在 "温度(ht)" 选项中禁用其他面，只保留这一个面。

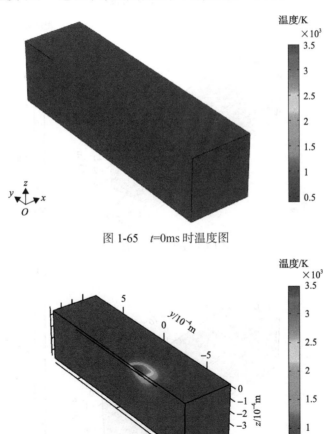

图 1-65　*t*=0ms 时温度图

图 1-66　*t*=0.2ms 时温度图

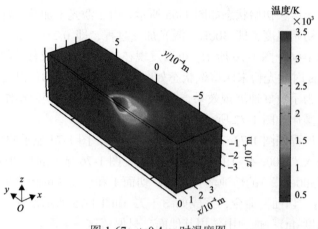

图 1-67　$t=0.4\mathrm{ms}$ 时温度图

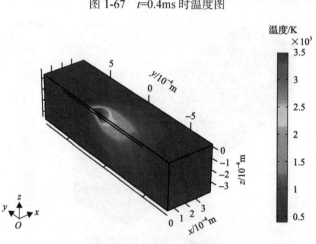

图 1-68　$t=0.6\mathrm{ms}$ 时温度图

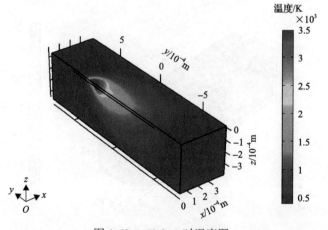

图 1-69　$t=0.8\mathrm{ms}$ 时温度图

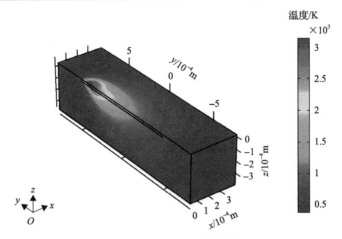

图 1-70 t=1.0ms 时温度图

图 1-71 t=1.2ms 时温度图

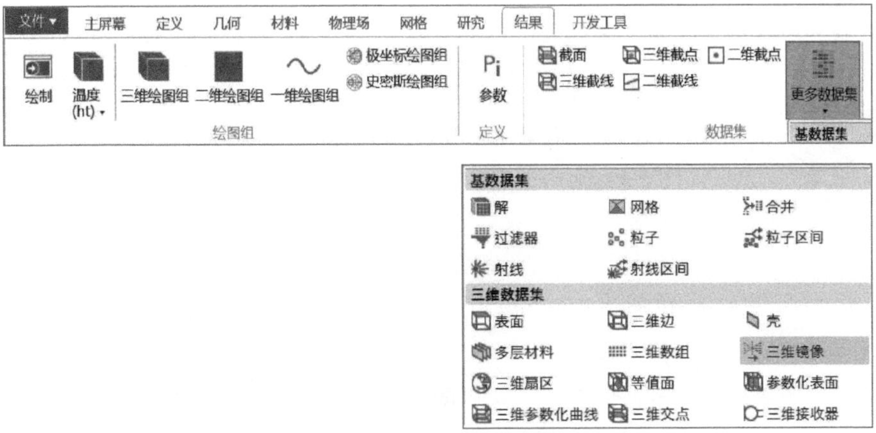

图 1-72 三维镜像

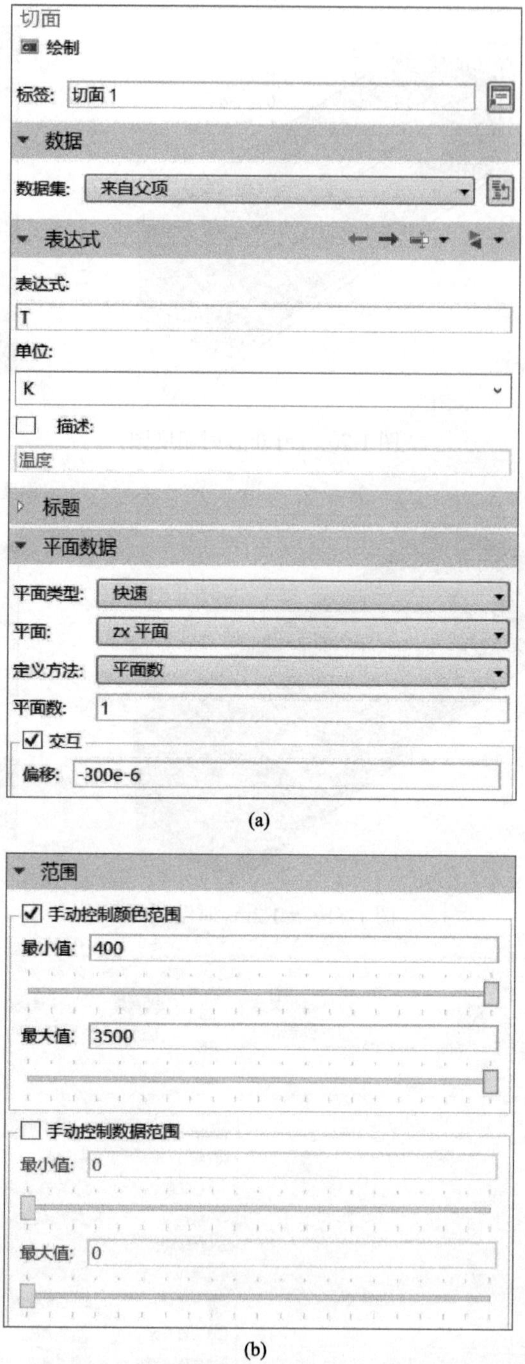

切面

▣ 绘制

标签: 切面 1

▼ 数据

数据集: 来自父项

▼ 表达式 　　　　　　　　　　　　← → ⇨ ▾　▴ ▾

表达式:

T

单位:

K

☐ 描述:

温度

▷ 标题

▼ 平面数据

平面类型: 快速

平面: zx 平面

定义方法: 平面数

平面数: 1

☑ 交互

偏移: -300e-6

(a)

▼ 范围

☑ 手动控制颜色范围

最小值: 400

最大值: 3500

☐ 手动控制数据范围

最小值: 0

最大值: 0

(b)

图 1-73　构建切面 1

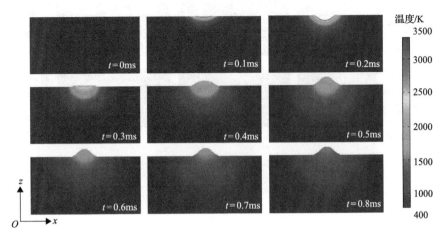

图 1-74   切面 1 熔池演化

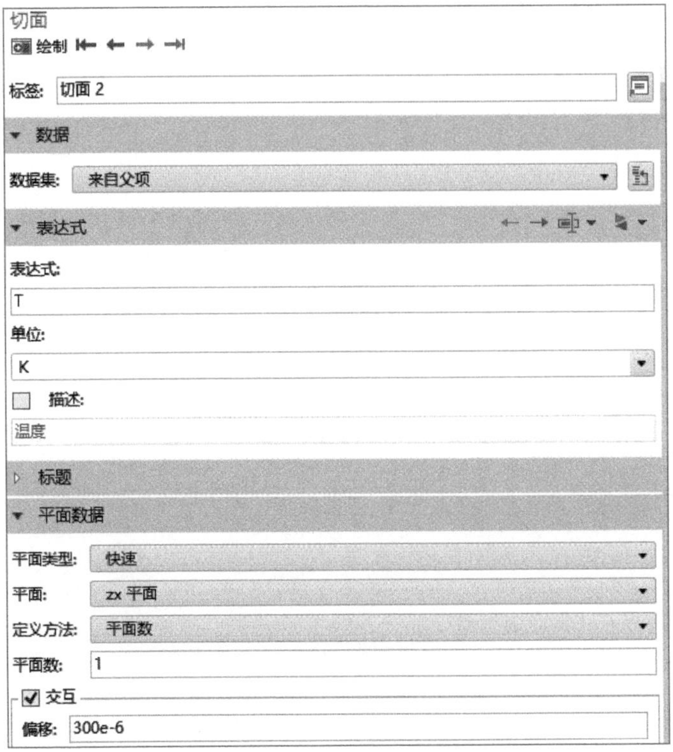

切面
绘制 ├─ ← → ─┤

标签： 切面 2

▼ 数据

数据集： 来自父项

▼ 表达式

表达式：

T

单位：

K

☐ 描述：

温度

▷ 标题

▼ 平面数据

平面类型： 快速

平面： zx 平面

定义方法： 平面数

平面数： 1

☑ 交互

偏移： 300e-6

图 1-75   构建切面 2

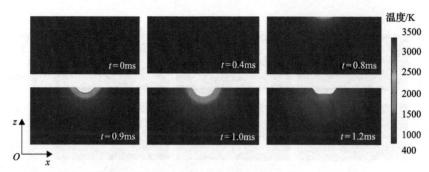

图 1-76　切面 2 熔池演化

第 2 章　激光粉末床熔融气孔缺陷演化仿真分析

2.1　案　例　介　绍

由于激光制造快速加热冷却的工艺特点，在激光粉末床熔融工件表面及内部极易出现缺陷，严重影响了这项技术的工业应用，制约了这项技术的推广普及。这些制造缺陷大致可以分为气孔缺陷、裂纹缺陷、夹杂缺陷、球化缺陷等。其中，气孔缺陷主要源自粉末间隙的保护气体和颗粒内部孔洞，在激光快速熔化过程中被释放到熔池形成气泡，在快速冷却凝固过程中由于没有足够的时间逃逸并离开熔池，在成型件内部形成残余气孔缺陷。目前国内外基于试验和仿真手段研究激光粉末床熔融加工过程的报道屡见不鲜。然而，针对激光粉末床熔融过程中缺陷演化的探究仍未深入，大都采用试验的方法，未能有效揭示缺陷的演化机理。

本章基于多物理场耦合仿真软件 COMSOL Multiphysics 5.5，选用层流和流体传热模块，采用水平集法，考虑材料的热物性以及激光加工过程中的马兰戈尼效应、熔融金属表面张力、反冲压力、相变潜热、热对流和热辐射，建立含气孔缺陷的二维数值仿真模型，对激光粉末床熔融过程中的气孔缺陷演化进行研究，从而明晰熔池流场分布、气泡在熔池中的运动轨迹以及最终演化结果[2,3]。本章工作依托国家重点研发计划"增材制造与激光制造"重点专项的"金属增材制造在线监测系统"项目(2017YFB1103900)。

本章将向读者介绍一个激光粉末床熔融气孔缺陷演化仿真案例，通过本例的学习，读者可以掌握如何使用 COMSOL 多物理场模型计算激光加工过程，并对打印件内部气孔缺陷的演化过程加深理解。本例中使用的计算机配置为 8 核@2.2GHz 的CPU，4×128GB 内存，完整计算大约需 26h。

2.2　物　理　模　型

如图 2-1 所示，建立二维多物理场耦合模型，其中模型长度(L)×高度(H)为1400μm×300μm。计算域 1 是打印层，材料为 Ti6Al4V，其长度为 1400μm，高度(H_m)为 200μm；计算域 2 是打印层中的圆形孔洞缺陷，共有 6 个孔，分别命名为P_1~P_6，在 x 轴方向呈不等间距分布，内部充满氩气，直径均设置为 10μm，其距离打印层上表面的深度（即其圆心距离计算域 1 上界面的距离）设为 $y_1 \sim y_6$；计算域 3 是激光粉末床熔融成型腔内的保护气体氩气，其压强值设置为一个标准大气压，即 1atm，数值为 101.325kPa，其长度为 1400μm，高度为 100μm，初始状态为气相，流场初始流速为 0。激光热源在空间上呈高斯分布，并沿着 x 轴正方向移动。

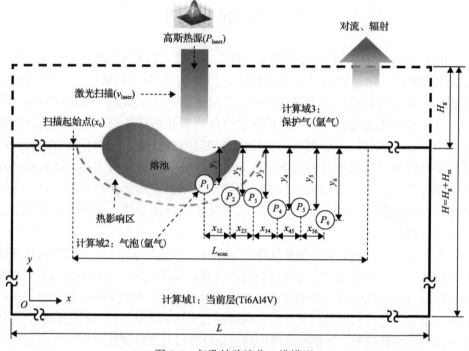

图 2-1　气孔缺陷演化二维模型

2.3　建立数值模拟模型

基于上述的物理模型，建立数值模拟模型。模型构建过程主要包括模型初始设置、全局定义、构建几何、定义材料、定义流体流动、定义流体传热、定义水平集、划分网格。

2.3.1　步骤 1：模型初始设置

1. 选择空间维度

打开 COMSOL Multiphysics 软件，单击"模型向导"按钮新建模型，弹出如图 2-2 所示的选择空间维度窗口，单击"二维"按钮。

2. 选择多物理场

在弹出的如图 2-3 所示的选择物理场窗口中，先后选择"流体流动→单相流→层流(spf)"、"传热→流体传热(ht)"、"数学→移动界面→水平集(ls)"选项，单击"添加按钮"完成每个物理场的选择。

图 2-2　选择空间维度

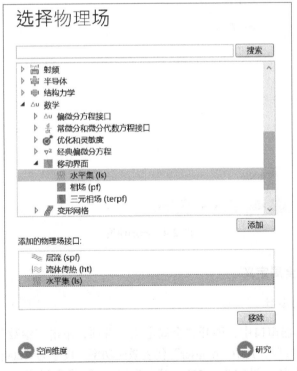

图 2-3　选择多物理场

3. 添加研究

在选择物理场窗口右下角单击"研究"按钮，弹出如图 2-4 所示的选择研究窗口，选择"所选物理场接口的预设研究→水平集→包含相初始化的瞬态"选项，单击"完成"按钮。

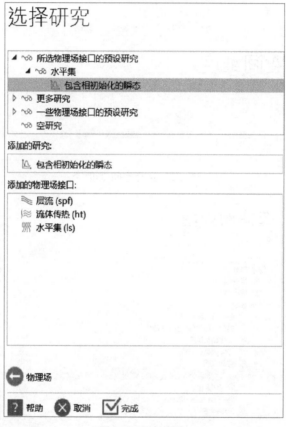

图 2-4　添加研究

2.3.2　步骤 2：全局定义

1. 定义全局参数

在模型开发器窗口中，展开"全局定义"选项，单击"参数"，建立如图 2-5 所示的三个全局参数。其中"p_laser"代表激光功率，设定为"200[W]"；"r_laser"代表激光光斑半径，设定为"50[um]"；"v_laser"代表激光扫描速度，设定为"1[m/s]"。

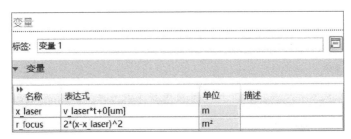

图 2-5　定义全局参数

2. 定义全局变量

右击"全局定义"，执行"变量"命令，在变量设置窗口中定义两个全局变量，如图 2-6 所示。其中"x_laser"代表激光光斑移动位置，设定为"v_laser*t+0[um]"，否则无法识别代码；"r_focus"代表激光光斑区域，设定为"2*(x-x_laser)^2"。

变量			
标签：变量 1			
▼ 变量			
名称	表达式	单位	描述
x_laser	v_laser*t+0[um]	m	
r_focus	2*(x-x_laser)^2	m²	

图 2-6　定义全局变量

3. 定义材料黏度变化

右击"全局定义"，执行"函数→阶跃"命令，新建阶跃函数"阶跃 1(step1)"，参数设置如图 2-7 所示，代表材料从固态到液态的黏度变化。需要特别指出的是，固态黏度使用"100"来代替。

4. 定义矩形波函数

右击"全局定义"，执行"函数→矩形波"命令，新建矩形波函数"方波 1(rect1)"，参数设置如图 2-8 所示。

5. 定义高斯脉冲函数 1

右击"全局定义"，执行"函数→高斯脉冲"命令，新建高斯脉冲函数"高斯脉冲 1(gp1)"，参数设置如图 2-9 所示。

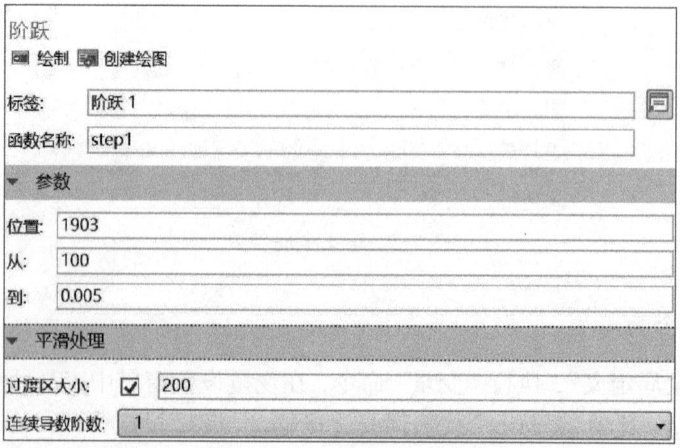

图 2-7　定义材料黏度变化

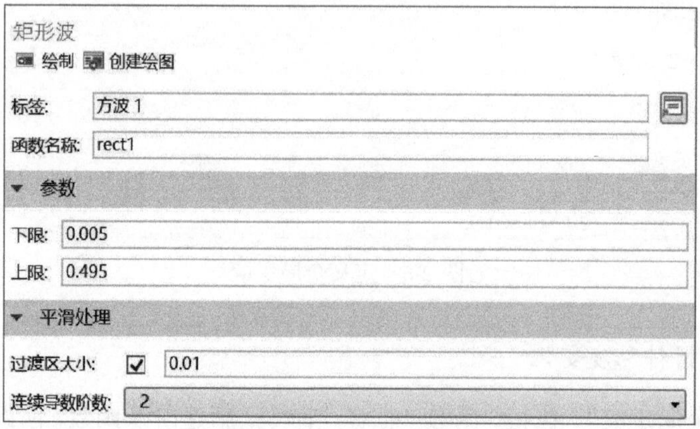

图 2-8　定义矩形波函数

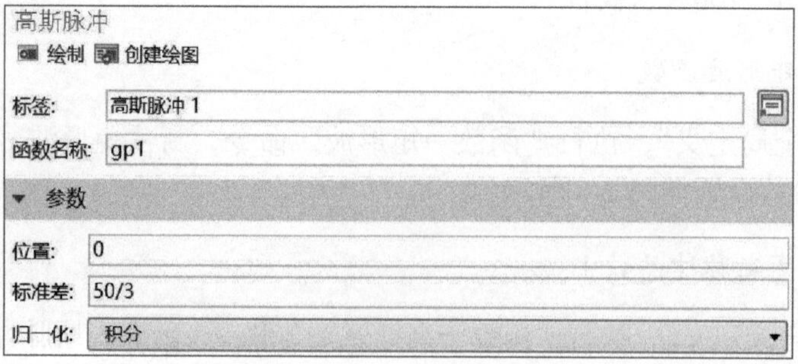

图 2-9　定义高斯脉冲函数 1

6. 定义高斯脉冲函数 2

右击"全局定义"，执行"函数→高斯脉冲"命令，新建高斯脉冲函数"高斯脉冲 2(gp2)"，参数设置如图 2-10 所示。

图 2-10　定义高斯脉冲函数 2

7. 定义热源截断

右击"全局定义"，执行"函数→阶跃"命令，新建阶跃函数"热源截断(step2)"，参数设置如图 2-11 所示。

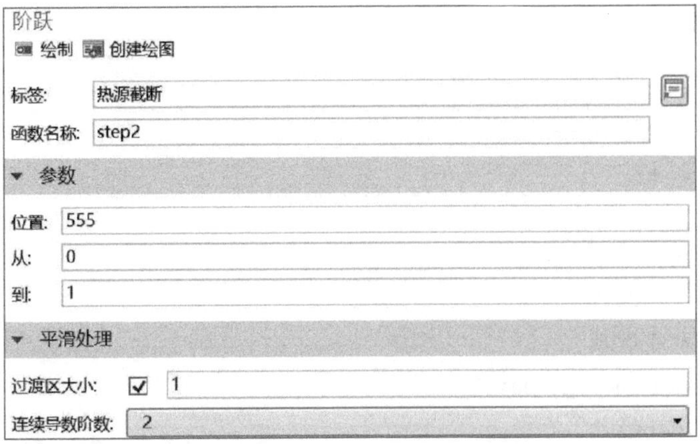

图 2-11　定义热源截断

8. 定义沸点阶跃

右击"全局定义"，执行"函数→阶跃"命令，新建阶跃函数"沸点阶跃(step3)"，参数设置如图 2-12 所示。

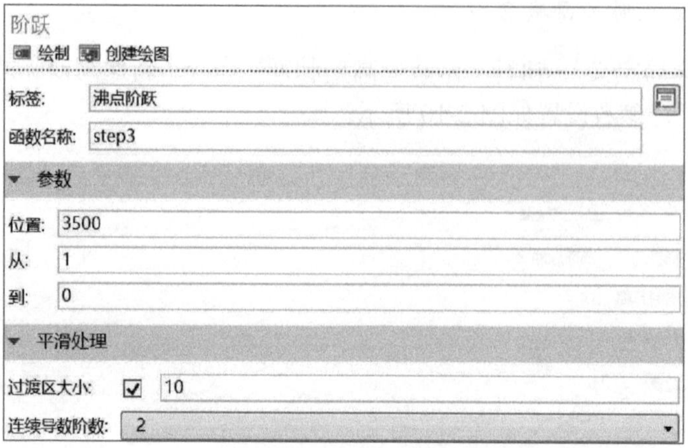

图 2-12　定义沸点阶跃

9. 定义激光开始时间

　　本案例需要模拟激光加热和冷却过程，所以需要定义激光开始时间和激光结束时间。右击"全局定义"，执行"函数→阶跃"命令，新建阶跃函数"In_laser（In_laser）"，表示激光开始时间，参数设置如图 2-13 所示。

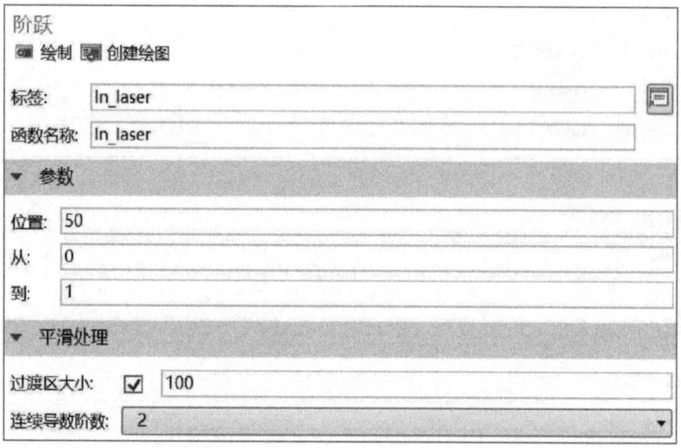

图 2-13　定义激光开始时间

10. 定义激光结束时间

　　右击"全局定义"，执行"函数→阶跃"命令，新建阶跃函数"Out_laser（Out_laser）"，表示激光结束时间，参数设置如图 2-14 所示。

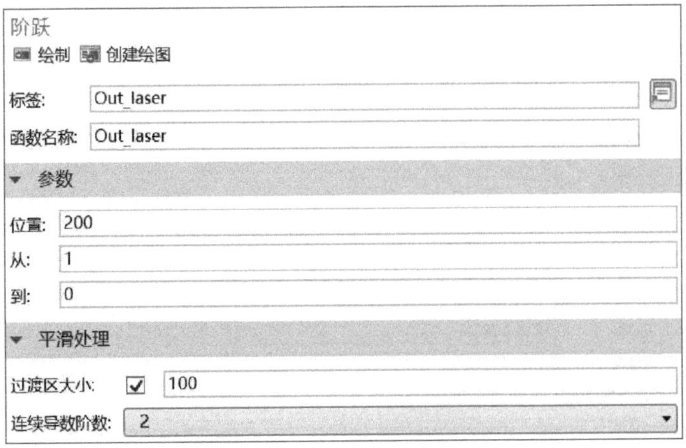

图 2-14　定义激光结束时间

11. 定义高斯脉冲函数 3

右击"全局定义"，执行"函数→高斯脉冲"命令，新建高斯脉冲函数"高斯脉冲 3(gp3)"，参数设置如图 2-15 所示。

图 2-15　定义高斯脉冲函数 3

12. 定义反冲压力

右击"全局定义"，执行"函数→分段"命令，新建分段函数"分段 2(psat1)"，表示反冲压力，参数设置如图 2-16 所示。

13. 定义热物性参数

右击"全局定义"，执行"函数→分段"命令，新建分段函数"密度(rho)"，参数设置如图 2-17 所示。

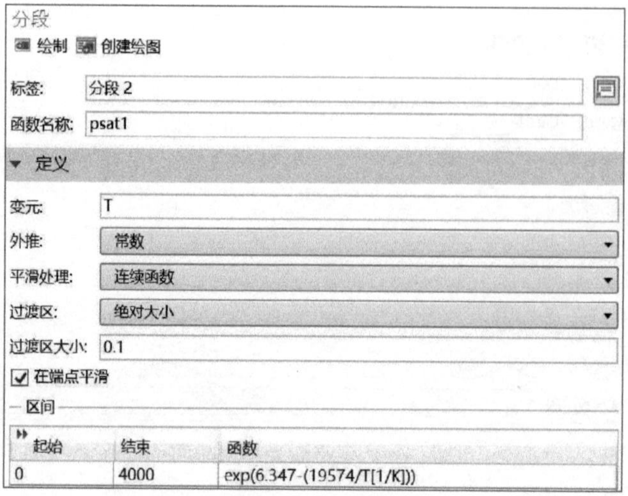

图 2-16　定义反冲压力

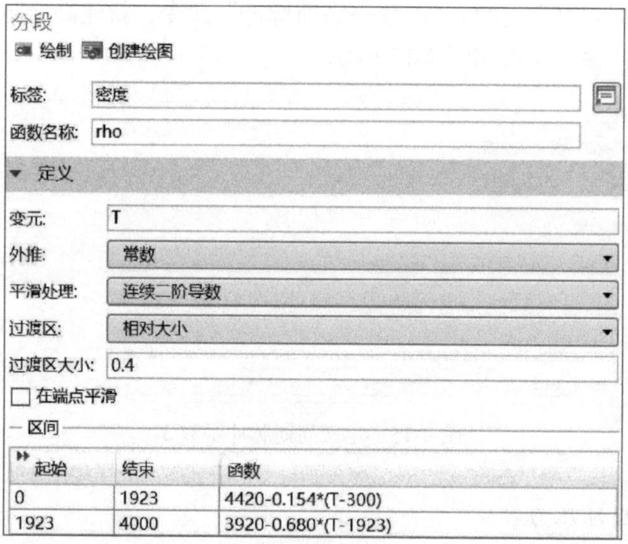

图 2-17　定义密度

　　右击"全局定义",执行"函数→分段"命令,新建分段函数"导热系数(k)",参数设置如图 2-18 所示。

　　右击"全局定义",执行"函数→分段"命令,新建分段函数"恒压热容(Cp)",参数设置如图 2-19 所示。

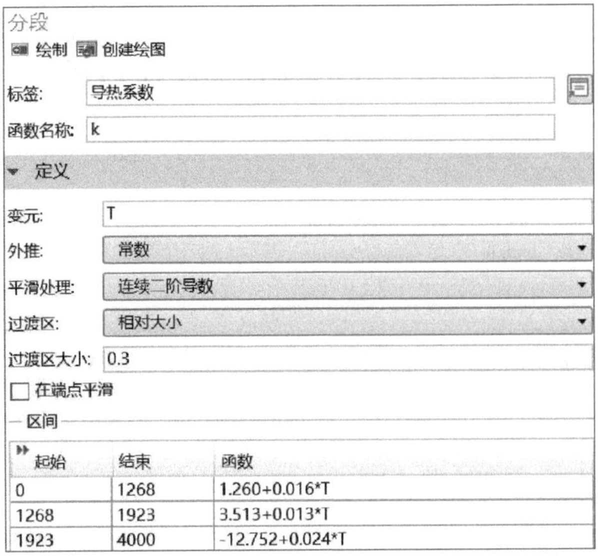

分段

绘制　创建绘图

| 标签: | 导热系数 | |
| 函数名称: | k | |

▼ 定义

变元:	T	
外推:	常数	▾
平滑处理:	连续二阶导数	▾
过渡区:	相对大小	▾
过渡区大小:	0.3	

☐ 在端点平滑

区间

起始	结束	函数
0	1268	1.260+0.016*T
1268	1923	3.513+0.013*T
1923	4000	-12.752+0.024*T

图 2-18　定义导热系数

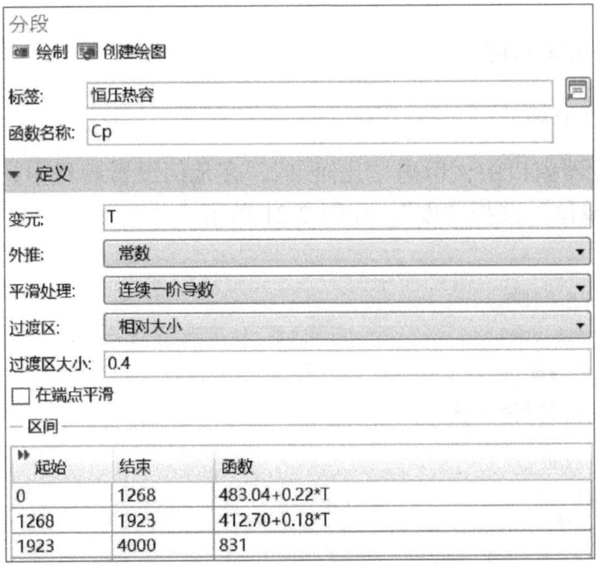

分段

绘制　创建绘图

| 标签: | 恒压热容 | |
| 函数名称: | Cp | |

▼ 定义

变元:	T	
外推:	常数	▾
平滑处理:	连续一阶导数	▾
过渡区:	相对大小	▾
过渡区大小:	0.4	

☐ 在端点平滑

区间

起始	结束	函数
0	1268	483.04+0.22*T
1268	1923	412.70+0.18*T
1923	4000	831

图 2-19　定义恒压热容

14. 定义环境共享属性

由于一般激光粉末床熔融工艺是需要预热的，为了更好地展示气孔缺陷演化计算效果，将打印层初始温度设置为 673.15K。

　　展开模型开发器窗口中的"组件 1（comp1）"选项，右击"定义"，执行"共享属性→环境属性"命令，打开环境属性设置窗口。在"环境条件"栏下的"温度"文本框中输入"673.15[K]"，其余参数设置如图 2-20 所示，后续引用"环境温度"，即"673.15[K]"。

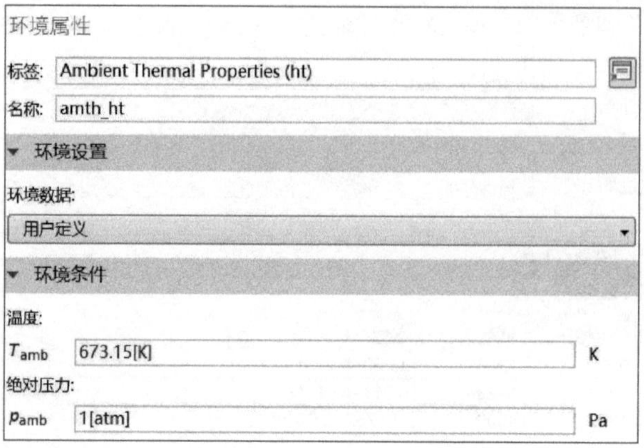

图 2-20　定义环境共享属性

2.3.3　步骤 3：构建几何

1. 定义几何单位

　　在模型开发器窗口中，单击"几何 1"，在几何设置窗口中，"长度单位"选择"μm"，"角单位"选择"度"，如图 2-21 所示。

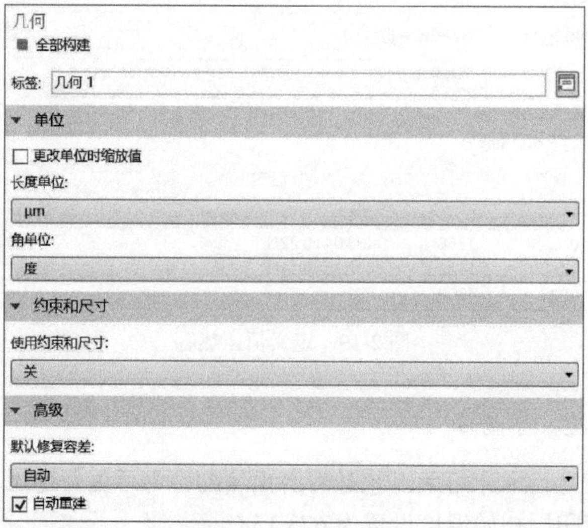

图 2-21　定义几何单位

2. 构建打印层几何

右击"几何 1"，执行"矩形"命令，构建矩形 1 代表打印层，设置如图 2-22 所示。

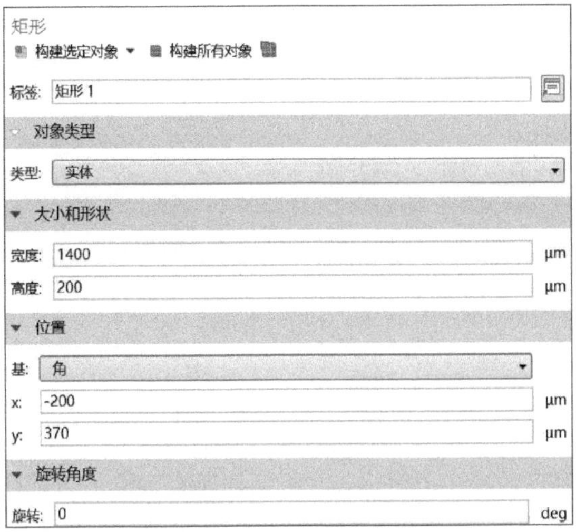

图 2-22　构建打印层几何

3. 构建保护气体几何

右击"几何 1"，执行"矩形"命令，构建矩形 2 代表保护气体，设置如图 2-23 所示。

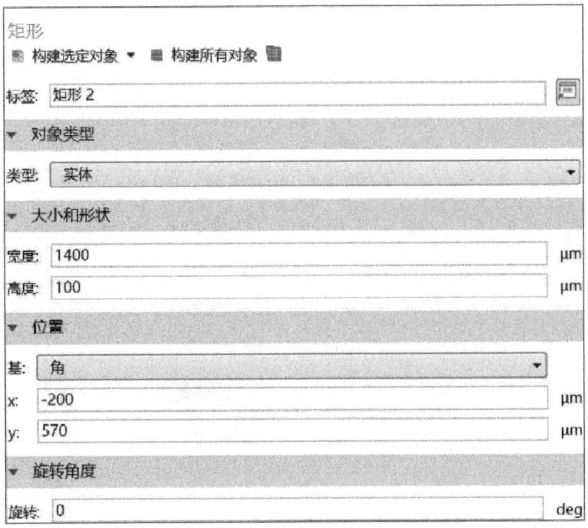

图 2-23　构建保护气体几何

4. 构建气孔缺陷几何

右击"几何 1",执行"圆"命令,重复以上操作依次构建六个圆(圆 1~圆 6),代表气孔缺陷,设置如图 2-24 所示。

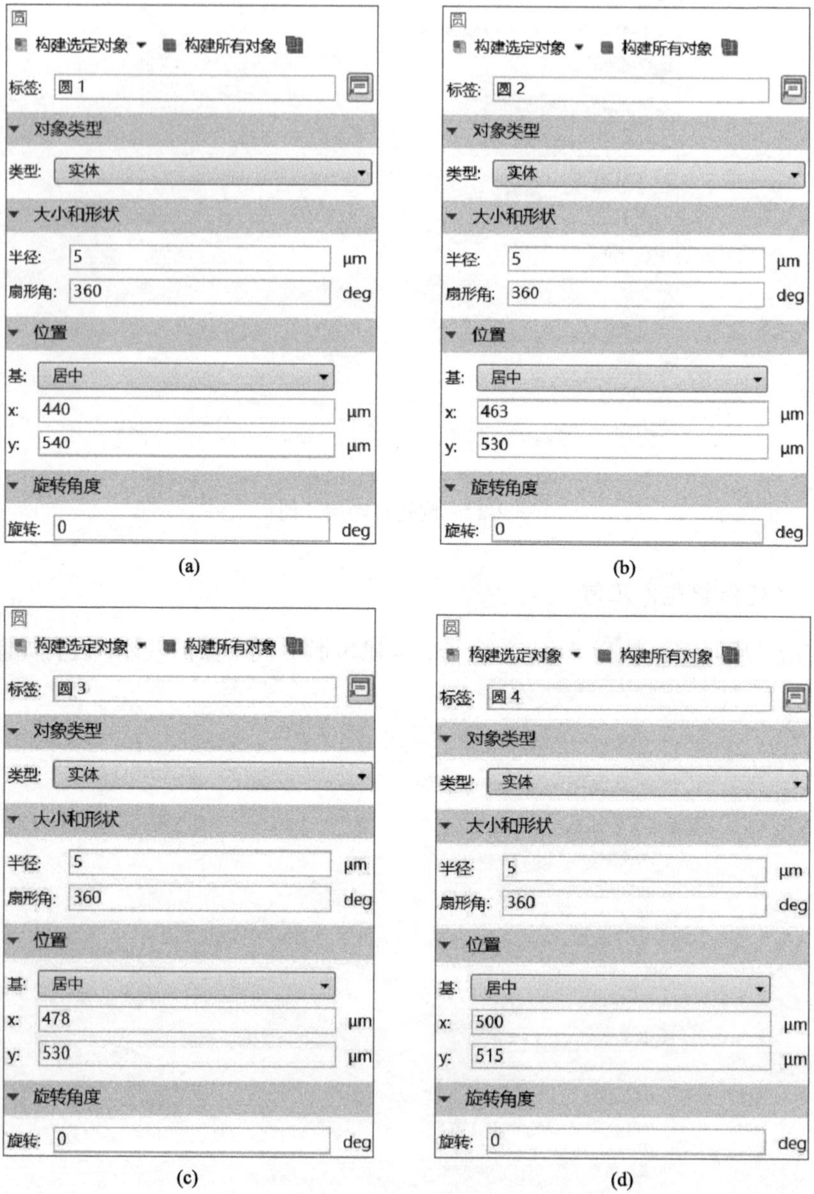

(a)

(b)

(c)

(d)

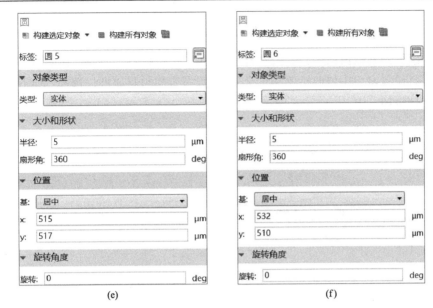

(e)　　　　　　　　　　　　　　　　(f)

图 2-24　构建气孔缺陷几何

5. 形成联合体

在模型开发器窗口中单击"形成联合体(fin)"，在设置窗口中，单击"全部构建"按钮构建几何模型，如图 2-25 所示。

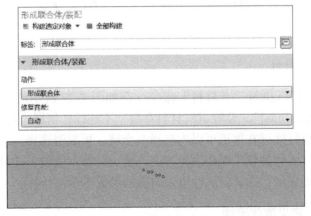

图 2-25　形成联合体

2.3.4　步骤 4：定义材料

本案例考虑了材料的热物性，即材料物理属性随着温度的变化而变化。材料的基本属性在步骤 2 已经完成了定义，这里简单添加定义的函数即可。

1. 定义金属材料

在模型开发器窗口中，右击"材料"，执行"空材料"命令，在如图 2-26 所示的材料设置窗口中修改标签为"金属"，设置金属材料属性，选择"所有域"，后续会被替换。

图 2-26　定义金属材料

2. 定义氩气材料

右击"材料"，执行"空材料"命令，在如图 2-27 所示的材料设置窗口修改标签为"Argon[gas]"，设置氩气材料参数，不选择任何域，后续会被替换。

说明：①氩气区域在这里可以先选择一个域，再取消选择，最终不选择域，否则会和后续"多物理场"操作发生冲突，造成计算不收敛；②材料属性可以根据基本属性手动添加；③材料属性里未勾选的参数不参加计算。

2.3.5　步骤 5：定义流体流动

1. 定义多物理场

在定义流体流动前需先定义多物理场。在模型开发器窗口中，右击"多物理场"，执行"两相流，水平集"命令，在设置窗口中选择全部域，分别定义"流体 1 属性"、"流体 2 属性"及"表面张力"，如图 2-28 所示。

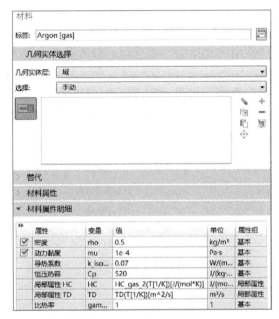

图 2-27　定义氩气材料

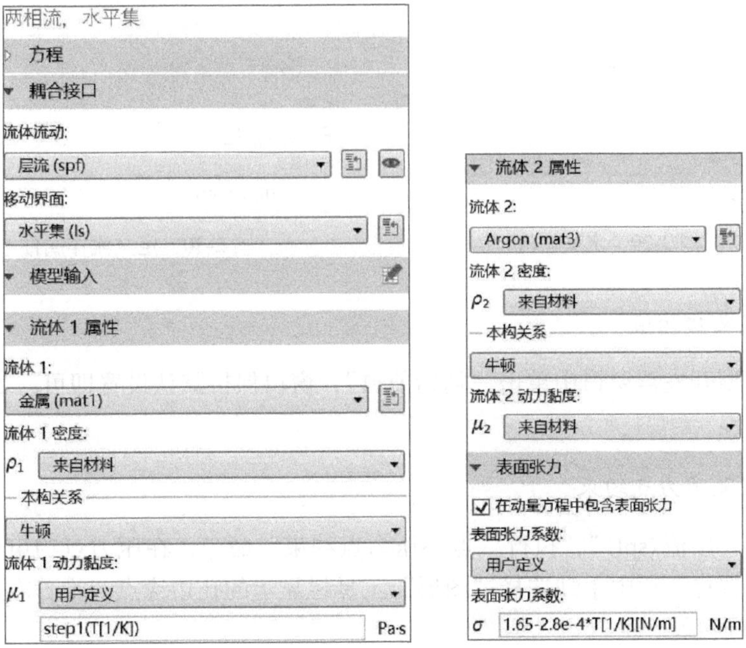

图 2-28　定义多物理场

2. 定义流体属性

在模型开发器窗口中单击"层流(spf)",在层流设置窗口中选择"全部域",勾选"包含重力"和"使用约化压力"复选框,参考温度设置为"673.15[K]",如图 2-29 所示。

展开"层流(spf)"选项,单击"流体属性 1",在流体属性设置窗口内,"密度"下拉列表中选择"密度(tpf1)"选项,"动力黏度"下拉列表中选择"动力黏度(tpf1)"选项,如图 2-30 所示。

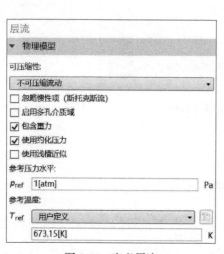

图 2-29 定义层流

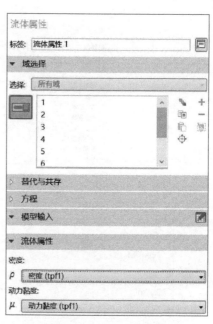

图 2-30 定义流体属性

3. 定义初始值

在模型开发器窗口中单击"初始值 1",窗口保持默认设置即可,如图 2-31 所示。

4. 定义压力点约束

右击"层流(spf)",执行"点→压力点约束"命令,在压力点约束设置窗口中的"点选择"栏中手动选择"图形"工具栏显示的孔边缘点,推荐右边缘点,如图 2-32 所示。

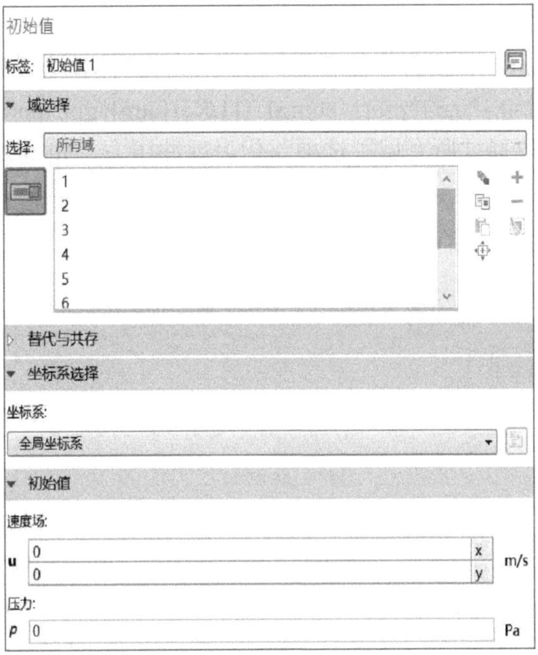

图 2-31　定义初始值

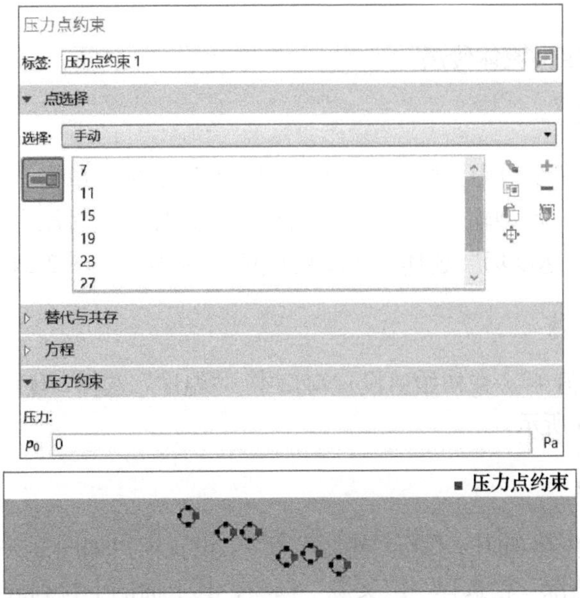

图 2-32　定义压力点约束

5. 定义体积力

右击"层流(spf)",执行"体积力"命令,打开体积力设置窗口。在"体积力"文本框中输入"-0.1*0.54*psat1(comp1.T[1/K])[atm]*gp2(phils)*step2(y[1/um])/ls.ep_default",并选择"所有域"选项,代表反冲压力,如图 2-33 所示。

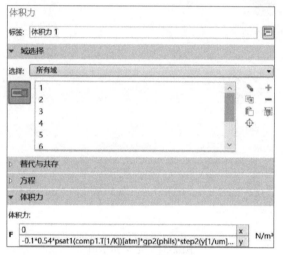

图 2-33　定义体积力

2.3.6　步骤 6：定义流体传热

1. 定义流体

在模型开发器窗口中,展开"流体传热(ht)"选项,单击"流体 1",打开流体设置窗口。在"模型输入"栏,"绝对压力"选择"绝对压力(spf)"选项,在"热对流"栏,"速度场"选择"速度场(spf)"选项,如图 2-34 所示。

2. 定义初始值

单击"初始值 1",在初始值设置窗口中,"温度"选择"环境温度(amth_ht)"选项,如图 2-35 所示。

3. 定义热源

右击"流体传热(ht)",执行"热源"命令,设置窗口如图 2-36 所示。选中"所有域"选项,"热源"栏选择"广义源"选项,其下面的下拉列表中选择"用户定义"选项,文本框中输入"6*16*Out_laser(t[1/us])*step3(T[1/K])*step2(y[1/um])*p_laser*gp2(phils)*gp1(x[1/um]-390-v_laser*t[1/um])/(pi*ls.ep_default*(r_laser)^2)"。

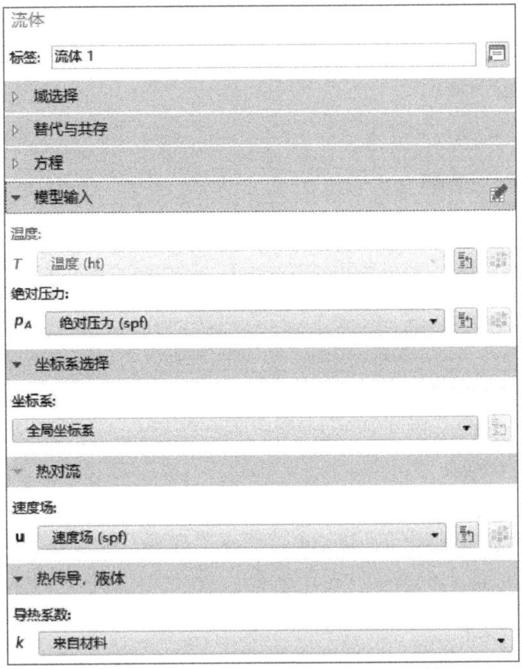

图 2-34　定义流体

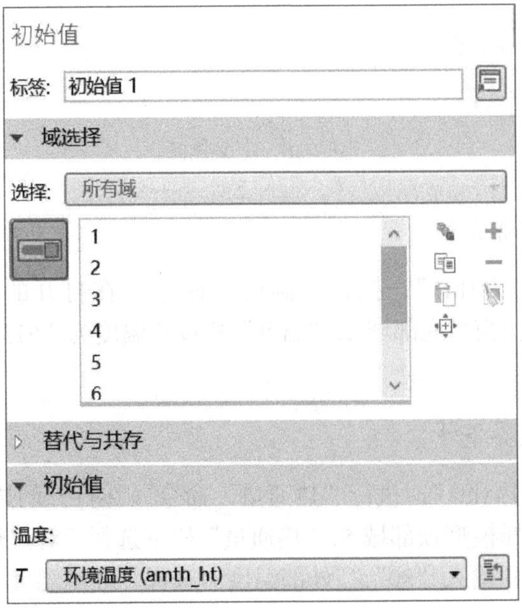

图 2-35　定义初始值

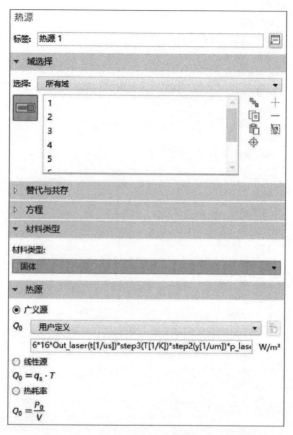

图 2-36　定义热源

4. 定义恒温边界条件

右击"流体传热(ht)",执行"温度"命令,在打开的温度设置窗口中,"边界选择"栏选择模型底部域 2,"温度"栏设置温度为"673.15[K]",如图 2-37 所示。

5. 定义对流边界条件

右击"流体传热(ht)",执行"热通量"命令,在打开的热通量设置窗口中,"边界选择"栏选择模型顶部域 5,"热通量"栏下选择"对流热通量"选项,"传热系数"下文本框中输入"80","外部温度"选择"环境温度(amth_ht)"选项,即 673.15K,如图 2-38 所示。

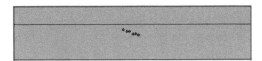

图 2-37　定义恒温边界条件

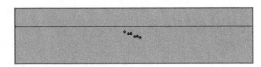

图 2-38　定义对流边界条件

6. 定义相变

右击"流体传热(ht)",执行"流体"命令,新建"流体 2"。在流体设置窗口中,选择域 1,即打印层域,"绝对压力"选择"绝对压力(spf)"选项,"速度场"选择"速度场(spf)"选项。右击"流体 2",执行"相变材料"命令,打开相变材料设置窗口。在"相变"栏,"相 1 与相 2 之间的相变温度"设置为"1903[K]";"相 1 与相 2 之间的转变间隔"设置为"50[K]";"从相 1 到相 2 的潜热"设置为"286[kJ/kg]";"材料,相 1";"材料,相 2"选择"金属(mat1)"选项,如图 2-39所示。

图 2-39　定义相变

2.3.7　步骤 7：定义水平集

1. 定义水平集模型

在模型开发器窗口中，展开"水平集(ls)"选项，单击"水平集模型 1"，打开水平集模型设置窗口。在"界面厚度控制参数"文本框中输入"ls.ep_default/2"，如图 2-40 所示。

图 2-40　定义水平集模型

2. 定义初始值

右击"水平集(ls)"，执行"初始值"命令，新建"初始值 2"。

单击"初始值 2"，在初始值设置窗口中，"域选择"栏选择域 2～8，"初始值"栏选择"指定相→流体 2(ϕ=1)"选项，如图 2-41 所示。返回"初始值 1"，可以发现域 1 被设置成了"流体 1(ϕ=0)"，这是自然替代的结果，并不需要特别的操作。单击"无流动"，可以在"图形"工具栏发现几何四周的边界为"无流动边界"。

3. 定义初始界面

右击"水平集(ls)"，执行"初始界面"命令，在初始界面设置窗口中，"边界选择"栏选择打印层和保护气体的分界线以及气孔缺陷和打印层的分界线，即边界 4 以及边界 8~31，如图 2-42 所示。

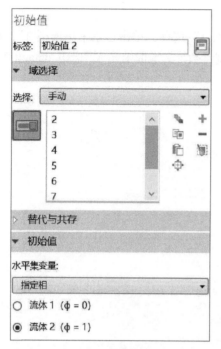

图 2-41　定义初始值　　　　　　　图 2-42　定义初始界面

2.3.8　步骤 8：划分网格

由于计算资源的限制，同时考虑到计算精度，本案例采用"局部细化"的方法来划分网格，在气孔边界以及打印层与保护气体之间的边界处进行细化，以保证计算精度。经统计，模型总网格顶点数为 56291，总网格单元数为 112076，平均单元质量为 0.8939，单元面积比为 0.002576，边单元网格数为 1630，网格顶点单元数为 30。

1. 网格初始设置以及定义网格大小

在划分网格之前需要先进行网格初始设置，以保证后续网格单元设置的一致性和延续性。在模型开发器窗口中单击"网格 1"，在如图 2-43 所示的网格设置窗口中进行网格初始设置，在"序列类型"下拉列表中选择"用户控制网格"选项。展开"网格 1"选项，单击"大小"，在如图 2-44 所示的大小设置窗口中定义网格大小，将"单元大小"栏下"预定义"设置为"常规"。

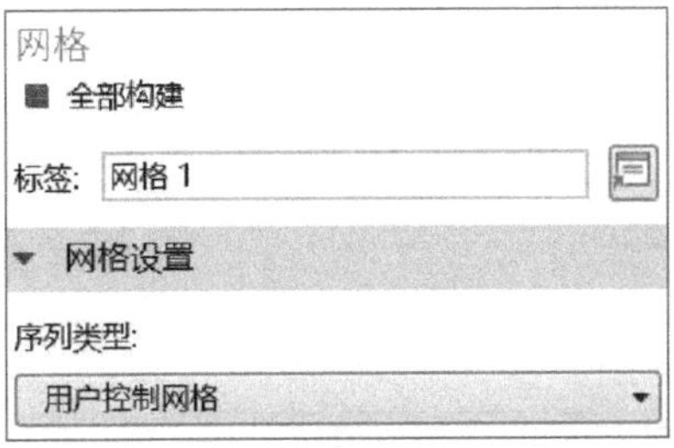

图 2-43　网格初始设置 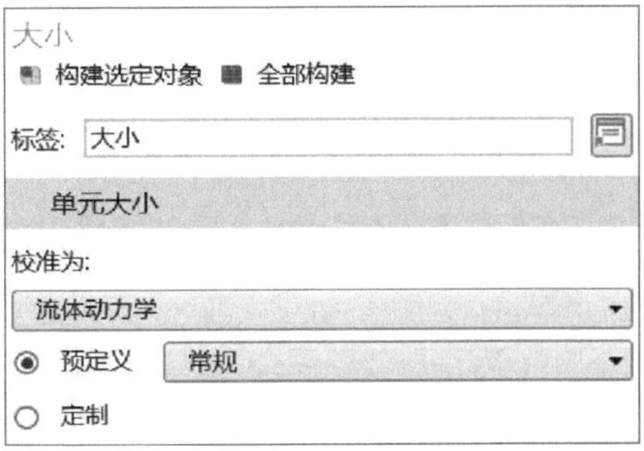　　　　　　　图 2-44　定义网格大小

2. 划分自由三角形网格

右击"网格 1"，执行"自由三角形网格"命令。右击"自由三角形网格 1"，执行"大小"命令，定义"大小 1"。在大小设置窗口中，"几何实体层"下拉列表中选择"整个几何"选项，"预定义"设置为"常规"，然后选中"定制"选项，在"单元大小参数"栏中，"最大单元大小"文本框中输入"10"，"最小单元大小"文本框中输入"0.8"，"最大单元增长率"文本框中输入"1.05"，如图 2-45 所示。

3. 气孔周围边界细化

右击"自由三角形网格"，执行"大小"命令，定义"大小 2"。在大小设置窗口中，"几何实体层"下拉列表中选择"边界"选项，"几何实体选择"栏选择气孔周围边界域 8～31，从"校准为"下拉列表中选择"流体动力学"，"预定义"设置为"超细化"，然后选中"定制"选项，在"单元大小参数"栏，"最大单元大小"文本框中输入"1.5"，"最小单元大小"文本框中输入"0.002"，如图 2-46 所示。

4. 打印层边界细化

右击"自由三角形网格 1"，执行"大小"命令，定义"大小 3"。在大小设置窗口中，"几何实体层"选择"边界"选项，"几何实体选择"选择气孔周围边界域 4，从"校准为"下拉列表中选择"流体动力学"，"预定义"设置为"超细化"，然后选中"定制"选项，"最大单元大小"文本框中输入 1.5，"最小单元大小"文本框中输入 0.002，如图 2-47 所示。

5. 划分网格

注意，需要先禁用"角细化"和"边界层"，单击"全部构建"按钮，构建所有网格，划分完成的网格如图 2-48 所示，在气孔边界和打印层边界处网格较密。

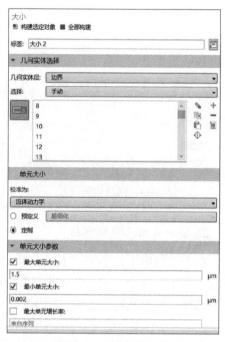

图 2-45　定义整体网格大小　　　　　图 2-46　气孔边界细化

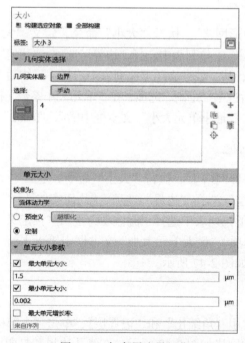

图 2-47　打印层边界细化

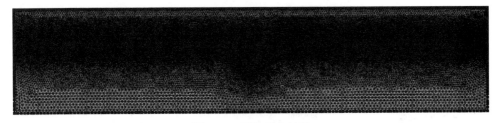

图 2-48　网格划分结果

2.4　问 题 求 解

在模型开发器窗口中，右击"研究 1"，执行"显示默认求解器"命令。单击"稳态求解器 1"，完成如图 2-49 所示设置。

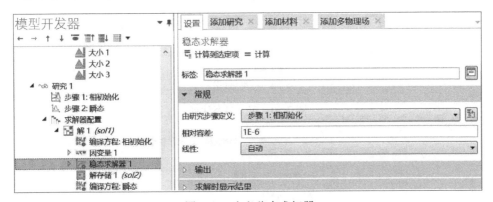

图 2-49　定义稳态求解器

单击"步骤 2：瞬态"，在瞬态设置窗口中，"时间单位"选择"s"，"时间步"定义为"range(0,0.005,1)*5e-4"，"容差"选择"用户控制"，"相对容差"设置为"0.04"，"物理场接口"勾选"层流(spf)"、"水平集(ls)"和"流体传热(ht)"复选框，"多物理场耦合"勾选"两相流，水平集 1(tpf1)"复选框，如图 2-50所示。

右击"求解器配置→瞬态求解器 1"，执行"上一个解"命令，完成如图 2-51所示设置。

展开"求解器配置→解 1(sol1)"选项，右击"瞬态求解器 1"，执行"直接"命令。在直接设置窗口中，"求解器"选择"PARDISO"，"主元扰动"设置为"1E-8"，其余保持默认，如图 2-52 所示。单击"全耦合 1"，在全耦合设置窗口中，"线性求解器"选择"直接 1"，如图 2-53 所示。单击"研究 1"，在研究设置窗口内单击"=计算"按钮，开始计算。

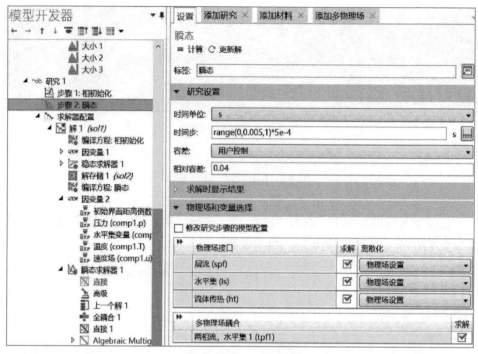

图 2-50　定义瞬态计算

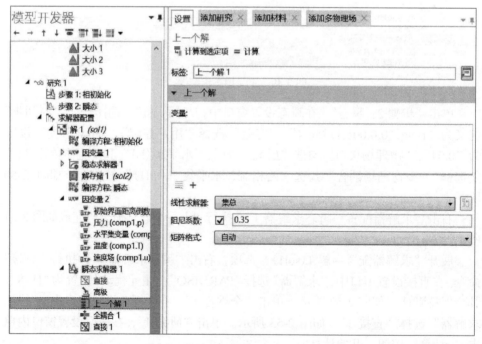

图 2-51　定义上一个解

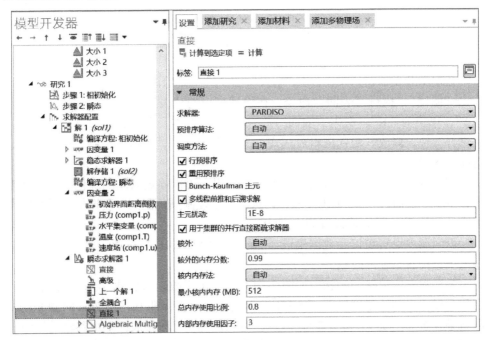

图 2-52　定义直接 1

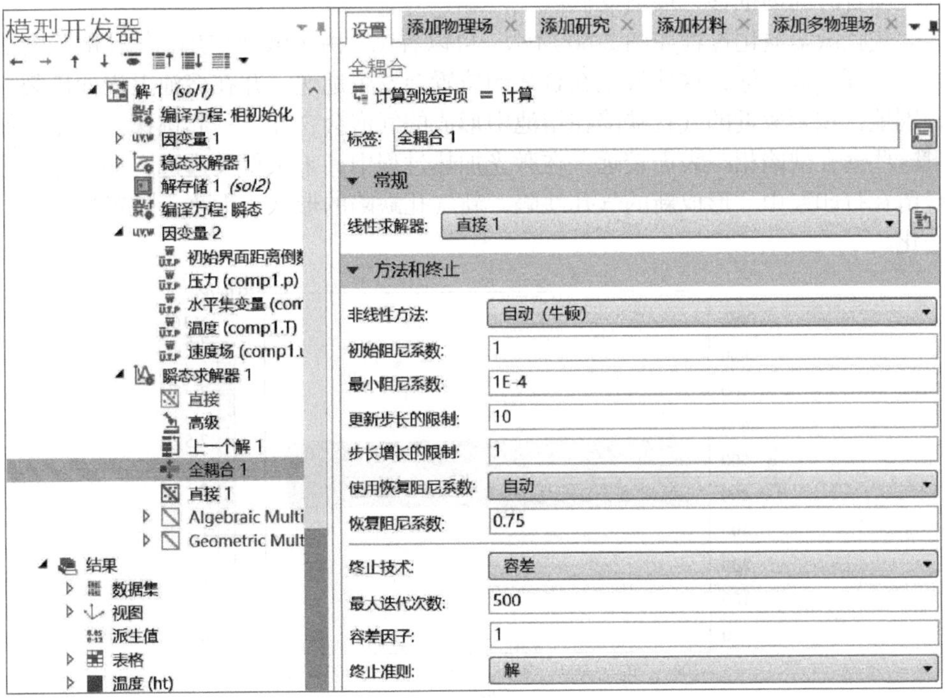

图 2-53　定义全耦合

2.5 结果后处理

在模型开发器窗口中，右击"结果"，执行"二维绘图组"命令，新建"温度"。右击"温度"，执行"表面"命令，在设置窗口的"表达式"栏，设置表达式为"T"，单位为"K"。右击"表面 1"，执行"过滤器"命令，在设置窗口的"单元选择"栏，修改"包含逻辑表达式"为"phils<0.5"，单击"绘制"按钮，显示打印层区域。

需要说明的是，为了取得更好的显示效果，可以固定云图的颜色。具体操作为：单击"表面"，在"范围"栏，勾选"手动控制颜色范围"复选框，最小值设置为"673.15"，最大值设置为"3500"。

返回温度设置窗口，数据集选择"研究 1/解 1(sol1)"选项，可以在"时间"选项中选择感兴趣的时刻。

激光粉末床熔融初始状态如图 2-54 所示，由于激光未加载，温度并没有任何变化，保持在初始温度，即 673.15K。激光加热过程，即 0.1～0.2ms 时激光粉末床熔融状态如图 2-55 和图 2-56 所示，可以发现在打印层表面形成移动的熔池。冷却过程，即 0.3～0.5ms 时激光粉末床熔融状态如图 2-57～图 2-59 所示，打印层温度随着时间的推移，逐渐变低。

气孔缺陷演化过程如图 2-60 所示，可以看见，由于激光加热，气孔缺陷会在熔池内部形成气泡，这些气泡在合适的位置会发生逃逸，并在熔池上表面破裂。特别地，相距较近的气孔缺陷在熔池中形成的气泡会合并，一起逃逸。但是，如果这些气孔缺陷相距表面较远，在激光加热过程中，未来得及逃逸，那么它们会残留在打印层中，形成新的气孔缺陷，新气孔缺陷的形状、大小、位置均会发生变化。

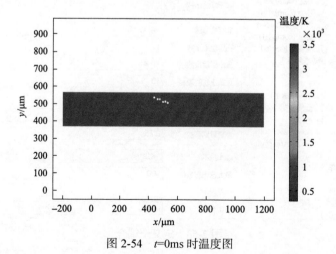

图 2-54 t=0ms 时温度图

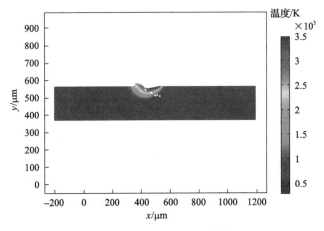

图 2-55　*t*=0.1ms 时温度图

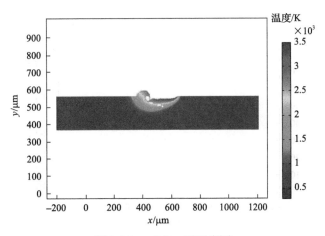

图 2-56　*t*=0.2ms 时温度图

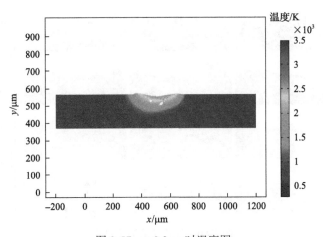

图 2-57　*t*=0.3ms 时温度图

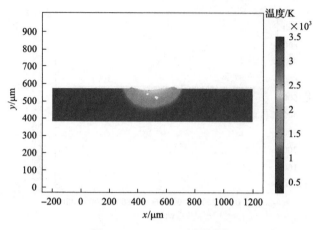

图 2-58 t=0.4ms 时温度图

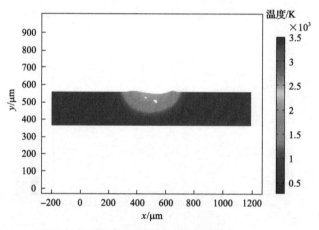

图 2-59 t=0.5ms 时温度图

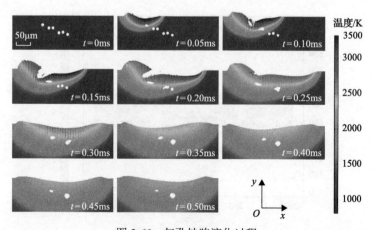

图 2-60 气孔缺陷演化过程

第3章 激光粉末床熔融工件表面激光清洗仿真分析

3.1 案 例 介 绍

尽管激光粉末床熔融的优点在零部件制造中得到了广泛认可，但零部件表面的粗糙度会限制其在工业上的应用。较大的表面粗糙度会在零部件服役过程中萌生疲劳裂纹。传统的喷砂和机械抛光不能处理需要选择性加工的精密零件，而电化学抛光和电解抛光虽然可以提高激光粉末床熔融零部件的表面光洁度，但会引发环境污染问题。近年来，激光清洗作为一种新兴的降低表面粗糙度的表面处理技术，受到了越来越多的关注。在激光清洗中，激光照射使金属表面上的一层薄薄的材料熔化，重新形成熔池并冷却凝固，从而使粗糙的表面变得平滑。然后，在表面张力多方向作用下的液态熔池会在金属熔池的相邻区域周围重新分布，激光离开之后熔融区域会迅速降温、冷却、凝固，形成新的光滑表面。此外，由于激光束具有极高的精度和速度，激光清洗为精密零件的抛光提供了一种经济有效的解决方案。但激光抛光是一个复杂的热力学过程，涉及材料性质、表面几何形状、激光与材料之间的相互作用及其各自的热现象等，只有通过建立理论模型和数值模拟才能进一步理解和掌握激光抛光的物理过程和内部机理。同时，对激光抛光过程的仿真研究，可以大大减少实验成本、缩短实验周期，是一种绿色高效的方法。

本章基于多物理场耦合仿真软件 COMSOL Multiphysics 5.5，选用层流两相流-水平集模块和流体传热模块，设定边界条件，结合软件自动设置的 PARDISO 直接求解器求解控制方程。此外，考虑了材料的热物性参数、重力、浮力、金属蒸气引起的反冲压力、表面张力和马兰戈尼效应对激光抛光过程进行建模仿真[4,5]。

本章将向读者介绍一个针对激光粉末床熔融钛合金工件激光清洗过程粗糙表面演化的仿真案例，通过本例的学习，读者可以掌握如何使用 COMSOL 多物理场模型计算激光加工复杂表面，并可直观感受激光清洗过程中打印件粗糙表面的演化过程。本例中使用的计算机配置为 8 核@2.2GHz 的 CPU，4×128GB 内存，完整计算大约需 39h。

3.2 物 理 模 型

如图 3-1 所示，建立瞬态二维多物理场耦合模型。其中，计算域 1 为充满保护气氩气的腔体，该部分长为 2000μm，宽为 500μm；计算域 2 为待抛光的 Ti6Al4V

成型件，该部分长为 2000μm，宽为 1500μm，粗糙表面简化为一条参数化曲线，x 轴方向长度为 400μm，即激光作用区域。激光在空间上呈高斯分布，作用在模型上表面，沿 x 轴正方向移动。模型上表面考虑自然对流与热辐射，模型考虑马兰戈尼效应与反冲压力的影响。

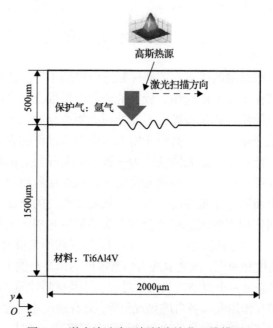

图 3-1　激光清洗表面粗糙度演化二维模型

3.3　建立数值模拟模型

　　基于上述物理模型，建立数值模拟模型。数值模拟模型的建立主要包括模型初始设置、全局定义、构建几何、定义材料、定义流体流动、定义流体传热、定义水平集、划分网格等多个步骤。

3.3.1　步骤 1：模型初始设置

　　1. 打开 COMSOL Multiphysics 软件

双击 COMSOL Multiphysics 软件快捷方式，弹出如图 3-2 所示的新建窗口。

　　2. 选择空间维度

单击"模型向导"按钮，创建如图 3-3 所示的选择空间维度窗口，单击"二维"按钮。

图 3-2　启动 COMSOL Multiphysics

图 3-3　选择空间维度

3. 选择多物理场

在弹出的如图 3-4 所示的选择物理场窗口中，先后选择"流体流动→单相流→层流(spf)"、"传热→流体传热(ht)"、"数学→移动界面→水平集(ls)"选项，单击"添加"按钮完成每个物理场的选择。

4. 添加研究

在图 3-4 所示窗口中，单击右下角"研究"按钮，弹出如图 3-5 所示的选择研究窗口，选择"所选物理场接口的预设研究→水平集→包含相初始化的瞬态"选项，随后单击"完成"按钮。

3.3.2　步骤2：全局定义

1. 定义全局参数

在模型开发器窗口中，展开"全局定义→参数 1"选项。在参数设置窗口中，定义如图 3-6 所示的全局参数(注意区分全角和半角字符以及一些特殊写法，例如，"μm"在软件中需要输入"um")。

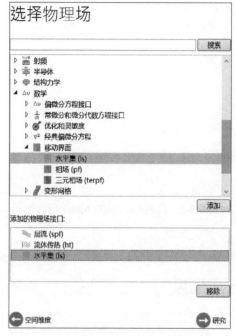

图 3-4　选择多物理场

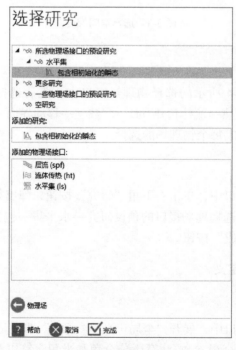

图 3-5　添加研究

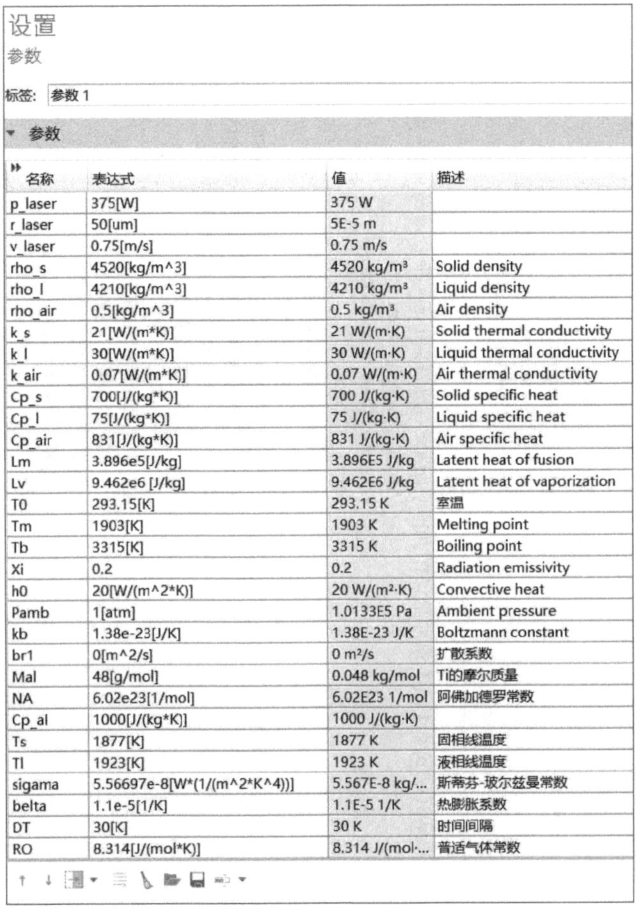

设置
参数

标签：参数 1

▾ 参数

名称	表达式	值	描述
p_laser	375[W]	375 W	
r_laser	50[um]	5E-5 m	
v_laser	0.75[m/s]	0.75 m/s	
rho_s	4520[kg/m^3]	4520 kg/m^3	Solid density
rho_l	4210[kg/m^3]	4210 kg/m^3	Liquid density
rho_air	0.5[kg/m^3]	0.5 kg/m^3	Air density
k_s	21[W/(m*K)]	21 W/(m·K)	Solid thermal conductivity
k_l	30[W/(m*K)]	30 W/(m·K)	Liquid thermal conductivity
k_air	0.07[W/(m*K)]	0.07 W/(m·K)	Air thermal conductivity
Cp_s	700[J/(kg*K)]	700 J/(kg·K)	Solid specific heat
Cp_l	75[J/(kg*K)]	75 J/(kg·K)	Liquid specific heat
Cp_air	831[J/(kg*K)]	831 J/(kg·K)	Air specific heat
Lm	3.896e5[J/kg]	3.896E5 J/kg	Latent heat of fusion
Lv	9.462e6 [J/kg]	9.462E6 J/kg	Latent heat of vaporization
T0	293.15[K]	293.15 K	室温
Tm	1903[K]	1903 K	Melting point
Tb	3315[K]	3315 K	Boiling point
Xi	0.2	0.2	Radiation emissivity
h0	20[W/(m^2*K)]	20 $W/(m^2·K)$	Convective heat
Pamb	1[atm]	1.0133E5 Pa	Ambient pressure
kb	1.38e-23[J/K]	1.38E-23 J/K	Boltzmann constant
br1	0[m^2/s]	0 m^2/s	扩散系数
Mal	48[g/mol]	0.048 kg/mol	Ti的摩尔质量
NA	6.02e23[1/mol]	6.02E23 1/mol	阿佛加德罗常数
Cp_al	1000[J/(kg*K)]	1000 J/(kg·K)	
Ts	1877[K]	1877 K	固相线温度
Tl	1923[K]	1923 K	液相线温度
sigama	5.56697e-8[W*(1/(m^2*K^4))]	5.567E-8 kg/...	斯蒂芬-玻尔兹曼常数
belta	1.1e-5[1/K]	1.1E-5 1/K	热膨胀系数
DT	30[K]	30 K	时间间隔
RO	8.314[J/(mol*K)]	8.314 J/(mol·...	普适气体常数

图 3-6　定义全局参数

2. 定义全局变量

展开“组件 1(comp1)”选项，右击“定义”，执行“变量”命令。在变量设置窗口中，定义如图 3-7 所示全局变量(输入公式时注意区分全角和半角字符)。

3. 定义阶跃函数

右击“全局定义”，执行“函数→阶跃”命令，新建阶跃函数“阶跃 1(step1)”，参数设置如图 3-8 所示，代表材料从固态到液态的黏度变化。

4. 定义高斯脉冲函数 1

右击“全局定义”，执行“函数→高斯脉冲”命令，新建高斯脉冲函数“高斯脉冲 1(gp1)”，参数设置如图 3-9 所示。

变量

▼ 变量

名称	表达式	单位	描述
mu	(0.257e-3)*exp(13.08e3/8.314/T[1/K])[Pa*s]	Pa-s	Dynamic viscosity
sigma	0.95*(1+0.13*(1-T/Tm))^1.67[N/m]	N/m	Surface tension coefficient
delta	6*phils*(1-phils)*sqrt(philsx^2+philsy^2+eps)	1/m	Interface delta function
Dm	exp(-(T-Tm)^2/(DT^2+eps))/(sqrt(pi)*DT+eps)	1/K	
Dv	exp((T-Tb)^2/(DT^2+eps))/(sqrt(pi)*DT+eps)	1/K	
Cpal.ef	Cp_s+Lm*Dm+(Lm/Tm)*flc1hs((T-Tm)[1/K],DT[1/K])+Lv*Dv+(Lv/Tb)*flc1hs((T-Tb)[1/K],DT[1/K])	J/(kg·K)	Equivalent specific heat capacity of Al
Cp	Cp_air+(Cp_l-Cp_air)*phils	J/(kg·K)	Specific heat
k	k_air+(k_l-k_air)*phils	W/(m·K)	Thermal conductivity
rho0	rho_air+(rho_l-rho_air)*phils	kg/m³	Density
Psat	Pamb*exp(Lv[kg/mol]*(T-Tb)/(RO*T*Tb))	Pa	Saturated pressure
Precoil	0.54*Psat	Pa	Recoil pressure
mdot	(sqrt((Mal[1/kg]/NA)/(2*pi*kb[K/J]))*Psat[1/Pa]/sqrt(T[1/K]))[kg/(m^2*s)]	kg/(m²·s)	Expression for rate of vaporization
phi source	-mdot*delta*((1-phils)/rho_air+phils/rho_l)	1/s	Source term in the level set equation
usource	mdot*delta*(1/rho_air-1/rho_l)	1/s	Source in continuity equation
gl	(T-Ts)/(Tl-Ts)*((T<=Tl)*(T>=Ts)+(T>=Tl))		液态体积分数
fl	gl*rho_l/rho1		液态质量分数
rho1	rho_s*(1-gl)+rho_l*gl	kg/m³	固液混合区密度
k1	1/((1-gl)/k_s+gl/k_l)	W/(m·K)	固液混合区导热率
Cp1	Cp_al*(1-fl)+Cp_l*fl	J/(kg·K)	固液混合区比热容
Cp1_cq	Cp1+Lm*d(gl,T)	J/(kg·K)	固液混合区实际比热容
Qloss	-(Lv*mdot+sigama*Xi*(T^4-T0^4))*delta	W/m³	
Kc	1e6*(1-gl)^2/(gl^3+1e-3)		渗流系数
br	1*(T<Tb)+0*(T>=Tb)		

图3-7　定义全局变量

图 3-8　定义阶跃函数 1

图 3-9　定义高斯脉冲函数 1

5. 定义分段函数

右击"全局定义"，执行"函数→分段"命令，新建分段函数"分段 1(p1)"，参数设置如图 3-10 所示。

6. 定义高斯脉冲函数 2

右击"全局定义"，执行"函数→高斯脉冲"命令，新建高斯脉冲函数"高斯脉冲 2(gp2)"，参数设置如图 3-11 所示。

图 3-10　定义分段函数

图 3-11　定义高斯脉冲函数 2

7. 定义剩余阶跃函数

右击"全局定义"，执行"函数→阶跃"命令，创建 4 个阶跃函数并分别设置为"阶跃 2（step2）"、"阶跃 3（step3）"、"阶跃 4（step4）"和"阶跃 5（step5）"，参数设置如图 3-12～图 3-15 所示。

图 3-12　定义阶跃函数 2　　　　　　　　图 3-13　定义阶跃函数 3

图 3-14　定义阶跃函数 4　　　　　　　　图 3-15　定义阶跃函数 5

8. 定义环境共享属性

展开"组件 1（comp1）"选项，右击"定义"，执行"共享属性→环境属性"命令。如图 3-16 所示，在环境属性设置窗口中，将"环境条件"栏的温度修改为"300[K]"。

3.3.3　步骤 3：构建几何

1. 定义几何单位

在模型开发器窗口中，展开"组件 1(comp1)"选项，单击"几何 1"。在几何设置窗口中，从"长度单位"下拉列表中选择"μm"选项，从"角单位"下拉列表中选择"度"选项，其余设置如图 3-17 所示。

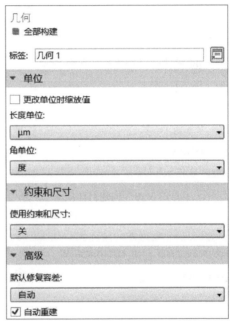

图 3-16　定义环境共享属性　　　　　图 3-17　定义几何单位

2. 构建打印层几何

展开"组件 1(comp1)"选项，右击"几何 1"，执行"矩形"命令，构建参数设置如图 3-18 所示的"矩形 1"，代表打印层。

3. 构建"矩形 2"、"矩形 3"、"矩形 4"

同样，依次构建参数设置如图 3-19 所示的"矩形 2"、如图 3-20 所示的"矩形 3"以及如图 3-21 所示的"矩形 4"。

4. 构建三次贝塞尔曲线 1

展开"组件 1(comp1)"选项，右击"几何 1"，执行"三次贝塞尔曲线"命令，构建参数设置如图 3-22 所示的"三次贝塞尔曲线 1"。

图 3-18　构建打印层　　　　　　　图 3-19　构建矩形 2

图 3-20　构建矩形 3　　　　　　　图 3-21　构建矩形 4

5. 构建二次贝塞尔曲线

右击"几何 1",执行"二次贝塞尔曲线"命令,构建参数设置如图 3-23 所示的"二次贝塞尔曲线 1"。

图 3-22 构建三次贝塞尔曲线 1

图 3-23 构建二次贝塞尔曲线

6. 构建剩余三次贝塞尔曲线

同样,构建参数设置如图 3-24 所示的"三次贝塞尔曲线 2"、如图 3-25 所示的"三次贝塞尔曲线 3"、如图 3-26 所示的"三次贝塞尔曲线 4"、如图 3-27 所示的"三次贝塞尔曲线 5"。

7. 形成联合体

展开"组件 1(comp1)→几何 1"选项,单击"形成联合体(fin)",弹出如图 3-28 所示的设置窗口,单击其上方"全部构建"按钮。

8. 忽略边

展开"组件 1(comp1)"选项,右击"几何 1",执行"虚拟操作→忽略边"命令。如图 3-29 所示,在忽略边设置窗口中,展开"输入"栏,"要忽略的边"选择边 11~21(即波浪线与直线所截线段集)。

三次贝塞尔曲线

构建选定对象 ▼ 构建所有对象

标签: 三次贝塞尔曲线 2

▼ 控制点

	x:	y:	
1:	910	1500	μm
2:	930	1482	μm
3:	950	1526	μm
4:	990	1500	μm

▼ 权重

1:	1	
2:	1	
3:	1	
4:	1	

图 3-24　构建三次贝塞尔曲线 2

三次贝塞尔曲线

构建选定对象 ▼ 构建所有对象

标签: 三次贝塞尔曲线 3

▼ 控制点

	x:	y:	
1:	990	1500	μm
2:	1020	1476	μm
3:	1050	1524	μm
4:	1080	1500	μm

▼ 权重

1:	1	
2:	1	
3:	1	
4:	1	

图 3-25　构建三次贝塞尔曲线 3

三次贝塞尔曲线

构建选定对象 ▼ 构建所有对象

标签: 三次贝塞尔曲线 4

▼ 控制点

	x:	y:	
1:	1080	1500	μm
2:	1100	1480	μm
3:	1120	1524	μm
4:	1130	1500	μm

▼ 权重

1:	1	
2:	1	
3:	1	
4:	1	

图 3-26　构建三次贝塞尔曲线 4

三次贝塞尔曲线

构建选定对象 ▼ 构建所有对象

标签: 三次贝塞尔曲线 5

▼ 控制点

	x:	y:	
1:	1130	1500	μm
2:	1150	1486	μm
3:	1170	1524	μm
4:	1200	1500	μm

▼ 权重

1:	1	
2:	1	
3:	1	
4:	1	

图 3-27　构建三次贝塞尔曲线 5

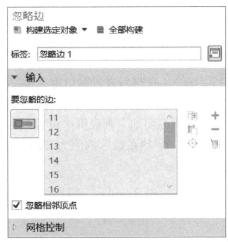

图 3-28　形成联合体　　　　　　　　图 3-29　忽略边

9. 形成复合边

右击"几何 1"，执行"虚拟操作→形成复合边"命令。如图 3-30(a)所示，在形成复合边设置窗口中，展开"输入"栏，"要复合的边"选择边 4、10、11、15、18、19，单击"全部构建"按钮，构建如图 3-30(b)所示几何。

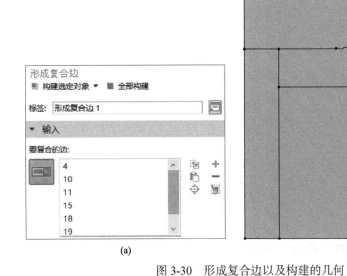

(a)　　　　　　　　　　　　　　　　(b)

图 3-30　形成复合边以及构建的几何

3.3.4　步骤 4：定义材料

1. 定义固态材料

在模型开发器窗口中，展开"组件 1(comp1)"选项，右击"材料"，执行"空材料"命令，在材料设置窗口定义标签为"固态"并完成如图 3-31 所示的材料属性设置，具体为："几何实体选择"栏的"选择"下拉列表中选择"所有域"选项，在"材料属性明细"列表框中设置"密度"的值为"4520"，"动力黏度"的值为"0.005"，"导热系数"的值为"21"，"恒压热容"的值为"700"，"比热率"的值为"1"。

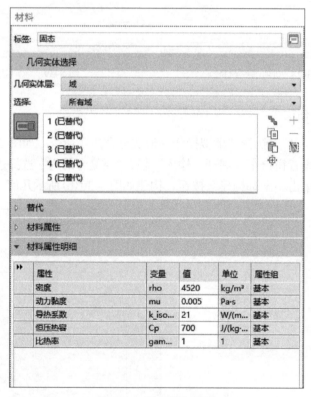

图 3-31　定义固态材料

2. 定义液态材料

同样，执行"空材料"命令，在液态设置窗口中定义标签为"液态"，完成如图 3-32 所示的材料属性设置，具体为："几何实体选择"栏的"选择"下拉列表中选择"所有域"选项，"密度"的值为"4210"，"导热系数"的值为

"30"，"恒压热容"的值为"700"，"比热率"的值为"1"，"动力黏度"的值为"0.005"。

3. 定义氩气

同样，执行"空材料"命令，在材料设置窗口中定义标签为"Argon [gas]"，完成如图 3-33 所示的材料属性设置，具体为："几何实体层"不选择任何域，"密度"的值为"0.5"，"动力黏度"的值为"1e-4"，"恒压热容"的值为"520"，"比热率"的值为"1"，"导热系数"的值为"0.07"。

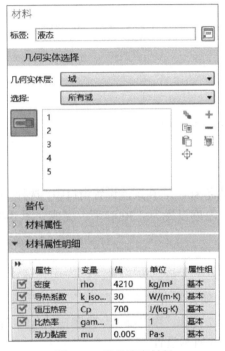

图 3-32　定义液态材料

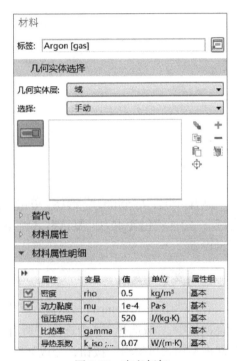

图 3-33　定义氩气

3.3.5　步骤 5：定义流体流动

1. 定义多物理场

在模型开发器窗口中，展开"组件 1(comp1)"选项，右击"多物理场"，执行"两相流，水平集"命令。在设置窗口中，"域选择"栏内选择"所有域"，如图 3-34(a)所示，定义"流体 1 属性"、"流体 2 属性"以及"表面张力"等(输入公式时注意区分全角和半角字符)，如图 3-34(b)和(c)所示。

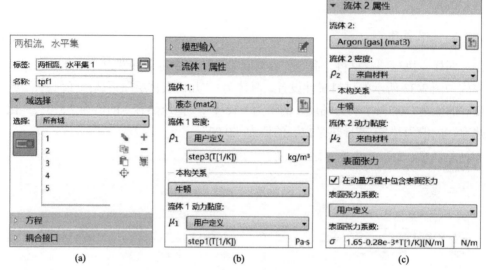

图 3-34　定义多物理场（为同一窗口所截）

2. 定义层流

展开"组件 1(comp1)"选项，单击"层流(spf)"。在层流设置窗口中，选择"所有域"，勾选"包含重力"复选框并将参考温度设置为"300[K]"，完成如图 3-35 所示设置。

3. 定义流体属性

展开"组件 1(comp1)→层流(spf)"选项，单击"流体属性 1"。在流体属性设置窗口中，"域选择"栏内选择"所有域"，单击"模型输入"标题栏最右侧"使全部模型输入可编辑"按钮，完成如图 3-36 所示设置。

4. 定义初始值

展开"组件 1(comp1)→层流(spf)"选项，单击"初始值 1"。在初始值设置窗口中，"域选择"栏内选择"所有域"，完成如图 3-37 所示设置。

5. 定义体积力

展开"组件 1(comp1)"选项，右击"层流(spf)"，执行"体积力"命令。在体积力设置窗口中，"域选择"栏内选择"所有域"，设置 x 方向体积力为"0"、y 方向体积力为"-2*Precoil/ls.ep_default"，完成如图 3-38 所示设置。

6. 定义压力点约束

展开"组件 1(comp1)"选项，右击"层流(spf)"，执行"点→压力点约束"命令。在压力点约束设置窗口中，"点选择"栏内手动选择点"1"，完成如图 3-39 所示设置。

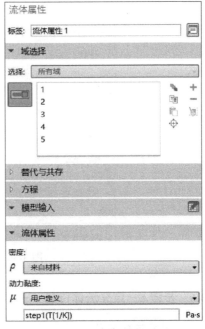

图 3-35　定义层流　　　　　　　　　图 3-36　定义流体属性

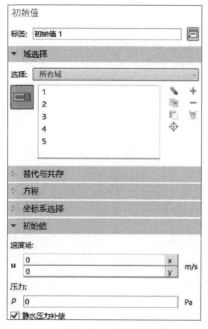

图 3-37 定义初始值

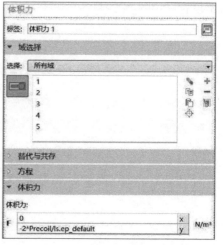

图 3-38 定义体积力

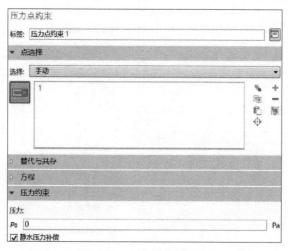

图 3-39 定义压力点约束

3.3.6 步骤 6：定义流体传热

1. 定义流体传热

在模型开发器窗口中，展开"组件 1(comp1)"选项，单击"流体传热(ht)"，在流体传热设置窗口完成如图 3-40 所示设置。

2. 定义流体

展开"组件 1(comp1)→流体传热(ht)"选项，单击"流体 1"。在流体设置窗口中选择"所有域"，单击"模型输入"标题栏右侧"使全部模型输入可编辑"按钮并完成如图 3-41 所示设置。

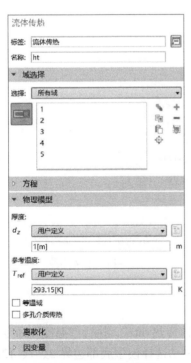

图 3-40 定义流体传热

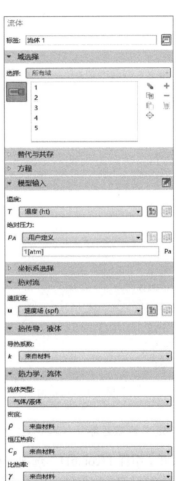

图 3-41 定义流体

3. 定义初始值

展开"组件 1(comp1)→流体传热(ht)"选项，单击"初始值 1"。在初始值设置窗口中，将温度设置为"300[K]"，完成如图 3-42 所示设置。

4. 定义热源

展开"组件1(comp1)"选项，右击"流体传热(ht)"，执行"热源"命令。在热源设置窗口中，定位到"材料类型"栏，从"材料类型"下拉列表中选择"来自材料"选项；定位到"热源"栏，选中"广义源"并从下拉列表中选择"用户定义"选项，随后输入"4*step2(y[1/um])*step5(T[1/K])*p_laser*gp2(phils)*gp1(x[1/um]-750-v_laser*t[1/um])/(pi*ls.ep_default*(r_laser)^2)"，完成如图 3-43 所示设置。

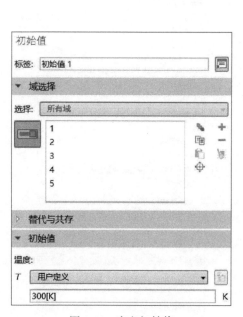

图 3-42　定义初始值

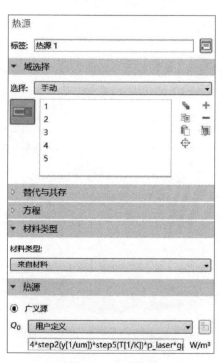

图 3-43　定义热源

5. 定义恒温边界

展开"组件1(comp1)"选项，右击"流体传热(ht)"，执行"温度"命令。在温度设置窗口中，定位到"边界选择"栏，手动选择模型底部边界 2、7、12；定位到"温度"栏，从"温度"下拉列表中选择"用户定义"选项并将温度设置为"300[K]"，完成如图 3-44 所示设置。

6. 定义热通量

展开"组件1(comp1)"选项，右击"流体传热(ht)"，执行"热通量"命令。在热通量设置窗口中，定位到"边界选择"栏，手动选择模型顶部边界 5；定位到"热通量"栏，选中"对流热通量"，其余参数设置如图 3-45 所示。

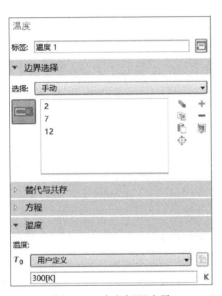

图 3-44　定义恒温边界

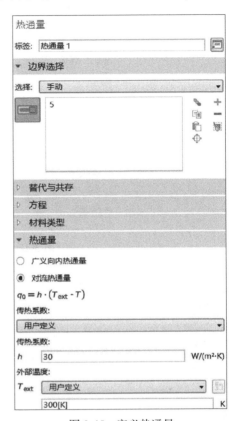

图 3-45　定义热通量

3.3.7　步骤 7：定义水平集

1. 定义水平集

在模型开发器窗口中，展开"组件 1(comp1)"选项，单击"水平集(ls)"。在水平集设置窗口中，选择"所有域"选项并完成如图 3-46 所示设置。

2. 定义水平集模型

展开"组件 1(comp1)→水平集(ls)"选项，单击"水平集模型 1"。在水平集模型设置窗口中，选择"所有域"选项并完成如图 3-47 所示设置。

3. 定义初始值 1

展开"组件 1(comp1)→水平集(ls)"选项，单击"初始值 1"。在初始值设置窗口中，选择"所有域"选项并完成如图 3-48 所示设置。

图 3-46　定义水平集

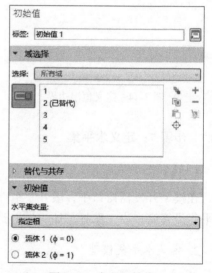

图 3-47　定义水平集模型　　　　　　　图 3-48　定义初始值 1

4. 定义初始值 2

展开"组件 1(comp1)→水平集(ls)"选项，单击"初始值 2"。在初始值设置窗口中，在"域选择"栏手动选择域 2 并完成如图 3-49 所示设置。

5. 定义初始界面窗口

展开"组件 1(comp1)"选项，右击"水平集(ls)"，执行"初始界面"命令。在初始界面设置窗口中完成如图 3-50 所示设置。注意，在"边界选择"栏内手动选择边界 4、10、14，即粗糙表面。

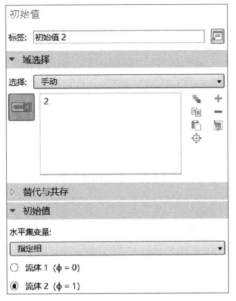

图 3-49　定义初始值 2

图 3-50　定义初始界面窗口

3.3.8　步骤 8：划分网格

1. 网格初始设置以及定义网格大小

在划分网格之前需要先进行网格初始设置，以保证后续网格单元设置的一致性和延续性。在模型开发器窗口中，展开"组件 1(comp1)"选项，单击"网格 1"。如图 3-51 所示，在网格设置窗口内进行网格初始设置，从"序列类型"下拉列表中选择"用户控制网格"选项。

展开"组件 1(comp1)→网格 1"选项，单击"大小"。如图 3-52 所示，在大小设置窗口内定义网格大小，从"校准为"下拉列表中选择"流体动力学"选项，"预定义"设置为"细化"。

2. 定义自由三角形网格

展开"组件 1(comp1)"选项，右击"网格 1"，执行"自由三角形网格"命令，完成如图 3-53 所示设置。右击"自由三角形网格 1"，执行"大小"命令，创建"大小1"。

在大小设置窗口中，从"几何实体层"下拉列表中选择"整个几何"选项；从"校准为"下拉列表中选择"流体动力学"选项，"预定义"设置为"极细化"，然后选中"定制"选项；在"单元大小参数"栏内，"最大单元大小"文本框中输入"10"，"最大单元增长率"文本框中输入"1.05"，完成如图 3-54 所示设置。

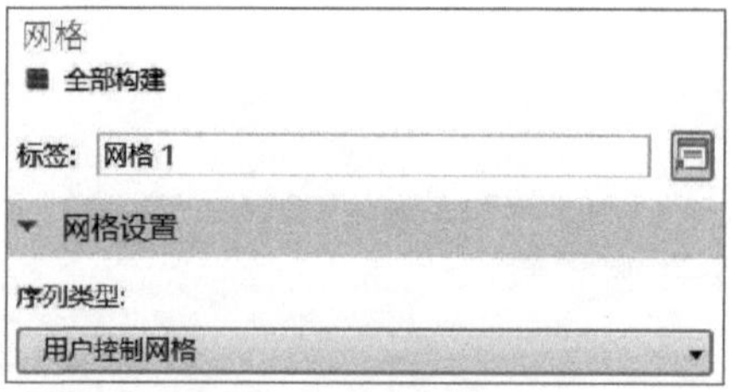

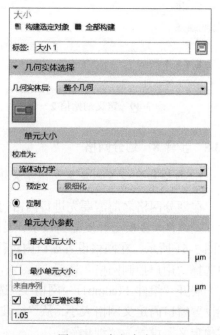

图 3-51　网格初始设置

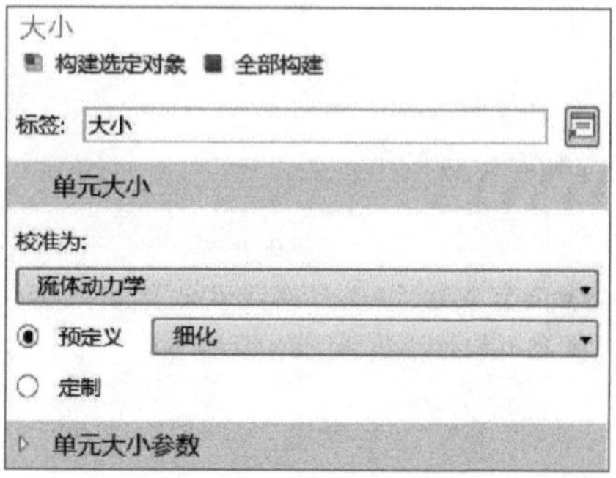

图 3-52　定义网格大小

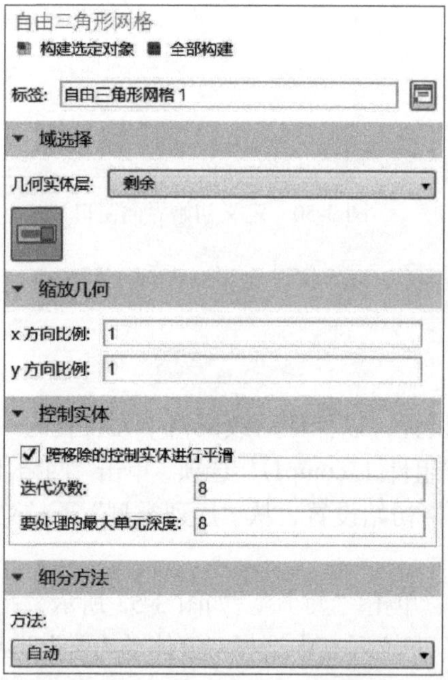

图 3-53　定义自由三角形网格

图 3-54　定义大小 1

3. 边界细化

展开"组件 1(comp1)→网格 1"选项，右击"自由三角形网格 1"，执行"大小"命令，创建"大小 2"。在大小设置窗口中，从"几何实体层"下拉列表中选择"边界"选项并手动选择粗糙表面"10"；从"校准为"下拉列表中选择"流体动力学"选项，"预定义"设置为"较细化"，然后选中"定制"选项；在"单元大小参数"栏内，"最大单元大小"文本框中输入"4"，"最小单元大小"文本框中输入"0.02"，完成如图 3-55 所示设置。

展开"组件 1(comp1)→网格 1"选项，右击"自由三角形网格 1"，执行"大小"命令，创建"大小 3"。在大小设置窗口中，从"几何实体层"下拉列表中选择"域"选项并手动选择域 4；从"校准为"下拉列表中选择"流体动力学"选项，"预定义"设置为"极细化"，然后选中"定制"选项；在"单元大小参数"栏内，"最大单元大小"文本框中输入"4"，"最小单元大小"文本框中输入"0.02"，"最大单元增长率"文本框中输入"1.05"，"曲率因子"文本框中输入"0.2"，完成如图 3-56 所示设置。

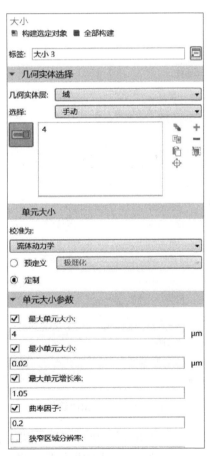

图 3-55　定义大小 2　　　　　　　　图 3-56　定义大小 3

3.4　问 题 求 解

在模型开发器窗口中，展开"研究 1"选项，单击"步骤 1：相初始化"，在相初始化设置窗口保持默认即可，如图 3-57 所示。

展开"研究 1"选项，单击"步骤 2：瞬态"。在瞬态设置窗口中，"时间单位"选择"s"并在"时间步"文本框中输入"range (0,1e-6,6.733e-4)"，从"容差"下拉列表中选择"用户控制"选项并在"相对容差"文本框中输入"0.01"；在"物理场接口"栏内勾选"层流 (spf)"、"流体传热 (ht)"和"水平集 (ls)"复选框，"多物理场耦合"栏内勾选"两相流，水平集 1 (tpf1)"复选框，如图 3-58 所示。

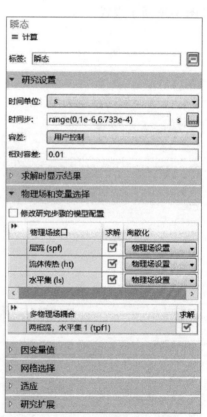

图 3-57　定义相初始化　　　　　　图 3-58　定义瞬态

右击"研究 1"，执行"显示默认求解器"命令。

展开"研究 1→求解器配置→解 1 (sol1)"选项，右击"瞬态求解器 1"，执行

"上一个解"命令。在上一个解设置窗口中，如图 3-59 所示，从"线性求解器"下拉列表中选择"集总"选项，勾选"阻尼系数"复选框并在其文本框输入"0.35"。随后右击"上一个解 1"，执行"上移"命令，将其移动至"全耦合 1"上面（若无"全耦合 1"，读者可右击"瞬态求解器 1"自行创建）。

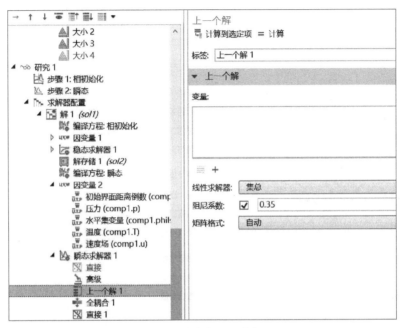

图 3-59　定义上一个解

展开"求解器配置→解 1（sol1）→瞬态求解器 1"选项，单击"直接，传热变量（ht）（已合并）"。在直接设置窗口中，修改其标签为"直接 1"，从"求解器"下拉列表中选择"PARDISO"选项，在"主元扰动"文本框中输入"1E-8"，其余参数如图 3-60 所示。单击"全耦合 1"，参数设置如图 3-61 所示。

单击"研究 1"，打开研究设置窗口，单击其上方"=计算"按钮，开始计算。

3.5　结果后处理

在模型开发器窗口中，右击"结果"，执行"二维绘图组"命令，在二维绘图组设置窗口中将标签改为"温度"（若展开"结果"选项，已有"温度"选项，直接单击即可，忽略上述步骤）。

右击"温度"，执行"表面"命令（若已有"表面"，直接选择即可）。打开表面设置窗口，定位到"表达式"栏，在"表达式"文本框中输入"T"，"单位"

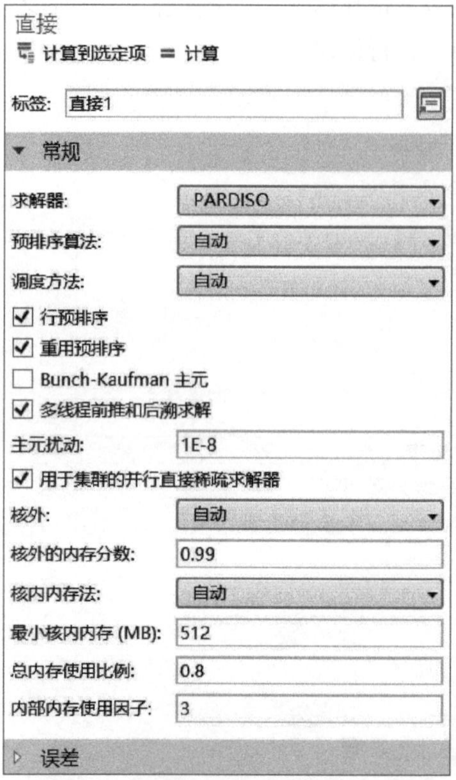

直接	
计算到选定项 ═ 计算	
标签: 直接1	

▼ 常规

求解器:	PARDISO
预排序算法:	自动
调度方法:	自动

☑ 行预排序
☑ 重用预排序
☐ Bunch-Kaufman 主元
☑ 多线程前推和后溯求解

主元扰动:	1E-8

☑ 用于集群的并行直接稀疏求解器

核外:	自动
核外的内存分数:	0.99
核内内存法:	自动
最小核内内存 (MB):	512
总内存使用比例:	0.8
内部内存使用因子:	3

▷ 误差

图 3-60 定义直接

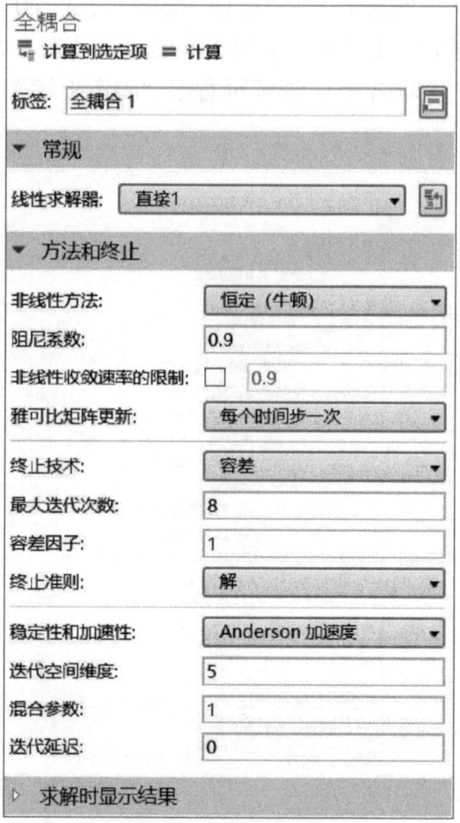

全耦合	
计算到选定项 ═ 计算	
标签: 全耦合1	

▼ 常规

线性求解器:	直接1

▼ 方法和终止

非线性方法:	恒定 (牛顿)
阻尼系数:	0.9
非线性收敛速率的限制:	☐ 0.9
雅可比矩阵更新:	每个时间步一次
终止技术:	容差
最大迭代次数:	8
容差因子:	1
终止准则:	解
稳定性和加速性:	Anderson 加速度
迭代空间维度:	5
混合参数:	1
迭代延迟:	0

▷ 求解时显示结果

图 3-61 定义全耦合

选择 "K"；定位到 "着色和样式" 栏，从 "颜色表" 下拉列表中选择 "Rainbow" 选项；为了取得更好的显示效果，展开 "范围" 栏并勾选 "手动控制颜色范围" 复选框，将最小值设置为 "300"，最大值设置为 "3500"。

右击 "表面"，执行 "过滤器" 命令。在过滤器设置窗口中，定位到 "单元选择" 栏，在 "包含逻辑表达式" 文本框中输入 "phils<0.5"，随后单击上方 "绘制" 按钮，显示打印层区域。

返回温度设置窗口，数据集选择 "研究 1/解 1(sol1)" 选项。为了更好地显示结果，取消勾选 "绘制数据集的边" 复选框。读者可以在 "时间" 下拉列表中选择感兴趣的时刻查看(更改时间后需要单击 "绘制" 按钮才会刷新)温度图，不同时刻温度变化如图 3-62～图 3-67 所示。可以看到，在打印层表面出现了移动熔池，且粗糙表面也一直在发生变化。

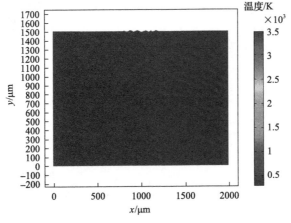

图 3-62　*t*=0ms 时温度图

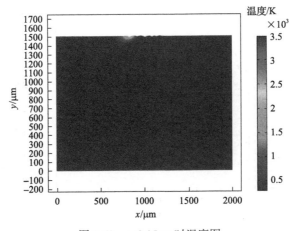

图 3-63　*t*=0.15ms 时温度图

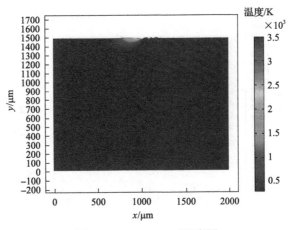

图 3-64　*t*=0.30ms 时温度图

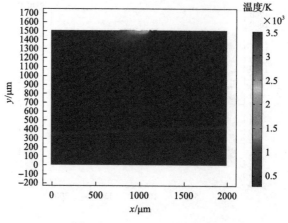

图 3-65　t=0.45ms 时温度图

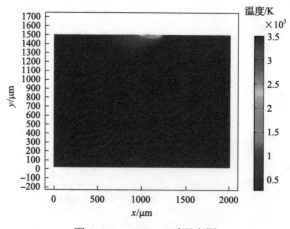

图 3-66　t=0.60ms 时温度图

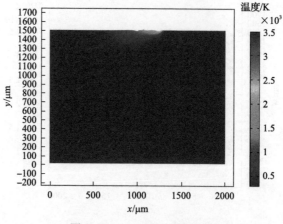

图 3-67　t=0.67ms 时温度图

右击"结果"，执行"二维绘图组"命令，在二维绘图组设置窗口中将标签改为"速度"（若展开"结果"选项，已有"速度"选项，直接单击即可）；右击"速度"，执行"表面"命令（若已有"表面"，直接选择即可），在表面设置窗口中定位到"表达式"栏，在"表达式"文本框中输入"sqrt(u^2+v^2)"、"单位"文本框中输入"m/s"，展开"范围"栏并勾选"手动控制颜色范围"复选框，将最小值设置为"0"，最大值设置为"2"；右击"表面"，执行"过滤器"命令，在过滤器设置窗口中，在"单元选择"栏内的"包含逻辑表达式"文本框中输入"phils<0.5"，单击上方"绘制"按钮，显示打印层区域。

返回速度设置界面，数据集选择"研究 1/解 1(sol1)"选项。为更好地显示结果，取消勾选"绘制数据集的边"复选框。读者可在"时间"中选择感兴趣的时刻查看（更改时间后需要单击"绘制"按钮才会刷新）。不同时刻速度变化如图 3-68～图 3-73 所示。

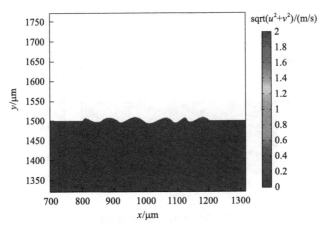

图 3-68　t=0.00ms 时速度图

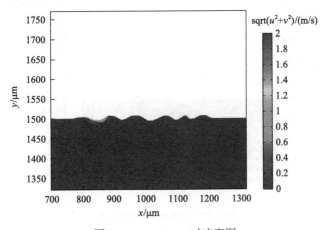

图 3-69　t=0.15ms 时速度图

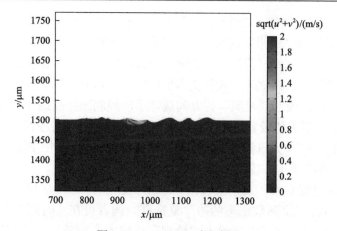

图 3-70　t=0.30ms 时速度图

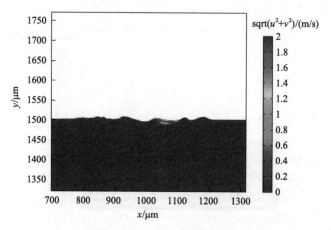

图 3-71　t=0.45ms 时速度图

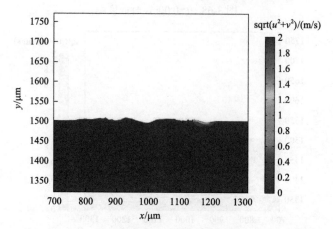

图 3-72　t=0.60ms 时速度图

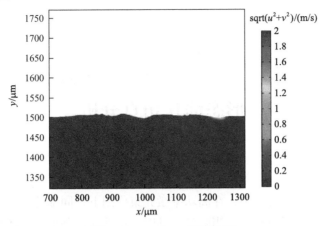

图 3-73　t=0.67ms 时速度图

　　为了更好地了解激光清洗过程，不同时刻局部粗糙表面演化过程总结如图 3-74 所示。由于激光加热，会发生质量传递现象，波峰处的熔融材料会受重力的影响流向波谷，从而使粗糙表面较为平整。

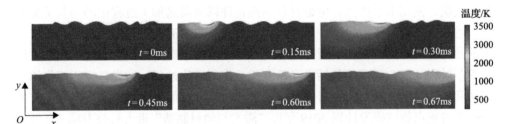

图 3-74　粗糙表面演化过程

第4章　激光定向能量沉积粉末熔化形态演化仿真分析

4.1　案例介绍

在激光定向能量沉积中，在高功率激光束作用下，同轴的金属粉末流被送入光束中加热熔化以形成熔池。当喷嘴移动时，熔池凝固并形成固体材料。该过程中涉及复杂的物理场，如激光粉末相互作用、粉末熔池相互作用、激光基板相互作用、熔池熔滴界面演化、熔固相互作用，开发仿真模型能够更好地了解此过程中的特性和机制，以便优化和控制激光沉积过程，提高样品质量。

本章基于多物理场耦合仿真软件 COMSOL Multiphysics 5.6，选用层流和流体传热模块，使用水平集法，考虑材料的热物性以及激光加工过程中的马兰戈尼效应、熔融金属表面张力、反冲压力、相变潜热、热对流和热辐射，建立含预置粉末的激光定向能量沉积加工瞬时过程的二维数值仿真模型，研究激光加热粉末熔化滴落过程的复杂机理，包括激光粉末相互作用熔化过程、激光基板相互作用、熔融和凝固过程，从而明晰熔滴、熔池运动轨迹以及最终演化结果。本章工作依托广东省重点领域研发计划 2019 年度"激光与增材制造"重大科技专项"高性能等离子弧/激光增减材复合制造装备"（2018B090905001）。

本章将向读者介绍一个激光定向能量沉积粉末熔化形态演化仿真案例，通过本例的学习，读者可以掌握如何使用 COMSOL 多物理场模型模拟激光定向能量沉积加工瞬时过程，并对激光粉末相互作用熔化滴落演化过程加深理解。本例中使用的计算机配置为 8 核@2.2GHz 的 CPU、4×128GB 内存，完整计算大约需 26h。

4.2　物　理　模　型

激光定向能量沉积仿真加工原理图和建立的二维多物理场耦合模型如图 4-1 所示，其中模型总长度×高度为 60mm×38mm。计算域 1 是打印层，材料为 Ti6Al4V，其长度（L_p）为 60mm，高度（H_p）为 30mm；计算域 2 是保护气体中的预置金属粉末，共有 5×8=40 个金属粉末，呈等间距分布，内部材料设为 Ti6Al4V，半径均设置为 100μm，粉末最下方距离打印层上表面的高度 h 设为 2mm；计算域 3 是激光沉积过程中的氩气保护气体，其压强值设置为一个标准大气压，即 1atm，数值为

101.325kPa，其长度 (L_p) 为 60mm，高度 (H_g) 为 8mm，L_s 为二维粉末模型的长，H_s 为二维粉末模型的高，d 为金属粉末颗粒直径，初始状态为气相。激光热源在空间上呈高斯分布。

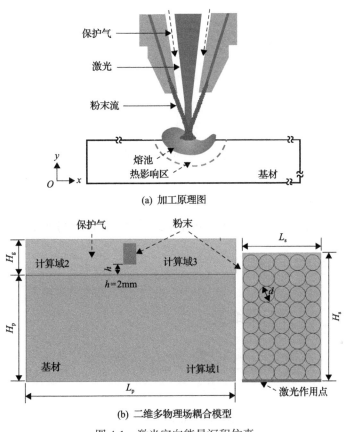

(a) 加工原理图

(b) 二维多物理场耦合模型

图 4-1　激光定向能量沉积仿真

4.3　建立数值模拟模型

基于上述物理模型，建立数值模拟模型。数值模拟模型主要包括模型初始设置、全局定义、构建几何、定义材料、定义流体流动、定义流体传热、定义水平集与、划分网格。

4.3.1　步骤 1：模型初始设置

1. 打开 COMSOL Multiphysics 软件

双击 COMSOL Multiphysics 软件快捷方式，启动 COMSOL Multiphysics 软

件，弹出如图 4-2 所示的新建窗口。

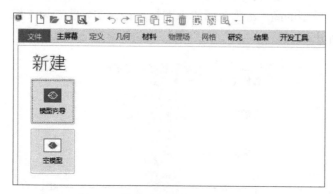

图 4-2　启动 COMSOL Multiphysics

2. 选择空间维度

单击"模型向导"按钮，弹出如图 4-3 所示的选择空间维度窗口。单击"二维"按钮。

图 4-3　选择空间维度

3. 选择多物理场

在弹出的如图 4-4 所示的选择物理场窗口中，先后选择"流体流动→单相流→层流(spf)"、"传热→流体传热(ht)"、"数学→移动界面→水平集(ls)"选项，单击"添加"按钮完成每个物理场的选择。

4. 添加研究

单击下方"研究"按钮，弹出如图 4-5 所示的选择研究窗口，展开"所选物理场接口的预设研究→水平集→包含相初始化的瞬态"选项，单击"完成"按钮。

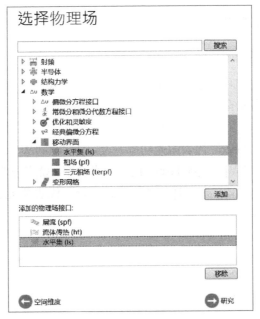

图 4-4　选择多物理场

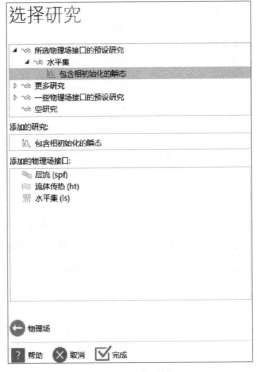

图 4-5　添加研究

4.3.2 步骤 2：全局定义

1. 定义全局参数

在模型开发器窗口中，展开"全局定义"选项，单击"参数"，在参数设置窗口中建立如图 4-6 所示全局参数。其中"p_laser"代表激光功率，设定为"600[W]"；"p1_laser"代表激光功率，设定为"1200[W]"；"p2_laser"代表激光功率，设定为"1000[W]"；"p3_laser"代表激光功率，设定为"800[W]"；"p4_laser"代表激光功率，设定为"600[W]"；"p5_laser"代表激光功率，设定为"500[W]"；"r_laser"代表激光光斑半径，设定为"1[mm]"；"v_laser"代表激光扫描速度，设定为"0.02551[m/s]"。

参数

标签: 参数 1

▼ 参数

名称	表达式	值	描述
p_laser	600[W]	600 W	
r_laser	1[mm]	0.001 m	
v_laser	0.02551[m/s]	0.02551 m/s	
p1_laser	1200[W]	1200 W	
p2_laser	1000[W]	1000 W	
p3_laser	800[W]	800 W	
p4_laser	600[W]	600 W	
p5_laser	500[W]	500 W	

图 4-6　定义全局参数

2. 定义全局变量

右击"全局定义"，执行"变量"命令，在变量设置窗口中建立如图 4-7 所示两个全局变量。其中"x_laser"代表激光光斑移动位置，设定为"v_laser*t+0[mm]"；"r_focus"代表激光光斑区域，设定为"2*(x-x_laser)^2"。

3. 定义材料黏度变化

右击"全局定义"，执行"函数→阶跃"命令，新建阶跃函数"阶跃 1(step1)"，如图 4-8 所示，代表材料从固态到液态的黏度变化。需要特别指出的是，固态黏度使用"100"来代替。

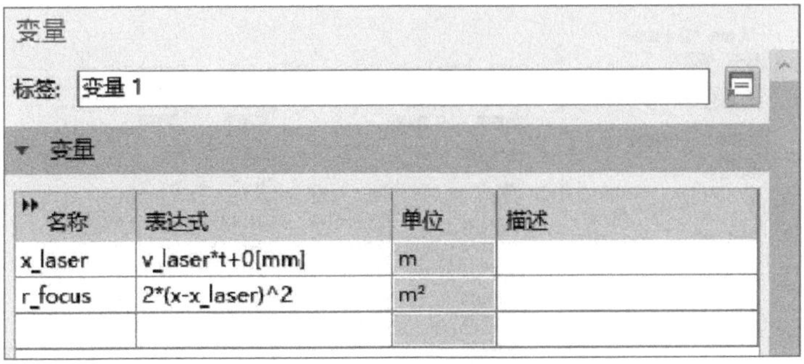

图 4-7　定义全局变量

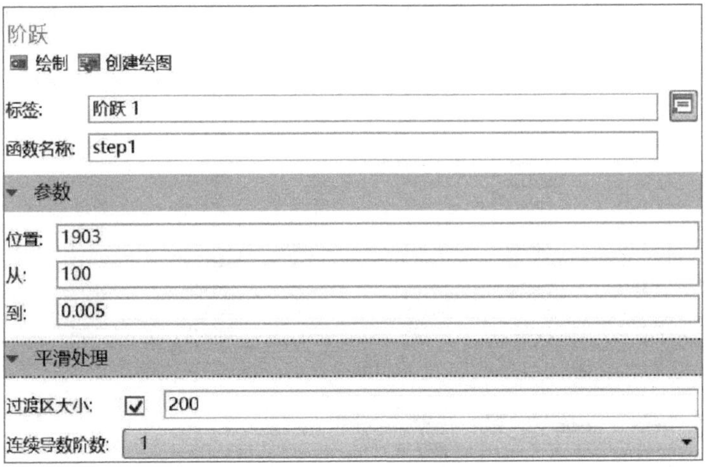

图 4-8　定义材料黏度变化

4. 定义插值函数

右击"全局定义",执行"函数→插值"命令,新建插值函数"插值 1(mu)",参数设置如图 4-9 所示。

5. 定义高斯脉冲函数 1

右击"全局定义",执行"函数→高斯脉冲"命令,新建高斯脉冲函数"高斯脉冲 1(gp1)",参数设置如图 4-10 所示。

6. 定义高斯脉冲函数 2

右击"全局定义",执行"函数→高斯脉冲"命令,新建高斯脉冲函数"高斯脉冲 2(gp2)",参数设置如图 4-11 所示。

插值

绘制 创建绘图

标签: 插值 1

▼ 定义

数据源: 局部表

函数名称: mu

(a)

t	f(t)
1953.80	3.11320
1953.82	3.11328
1962.72	3.02686
1963.15	3.02511
1973.15	2.98461
1983.15	2.94506
1993.15	2.90642
2003.15	2.86867
2013.15	2.83177
2023.15	2.79571
2033.15	2.76045
2043.15	2.72598
2053.15	2.69227
2063.15	2.65929
2073.15	2.62703
2083.15	2.59547
2093.15	2.56458
2103.15	2.53435
2113.15	2.50475
2123.15	2.47578
2133.15	2.44740
2143.15	2.41962
2153.15	2.39240
2163.15	2.36573
2173.15	2.33961

(b)

数据源: 局部表

函数名称: mu

t	f(t)
2173.15	2.33961
2183.15	2.31401
2193.15	2.28891
2203.15	2.26432
2213.15	2.2402
2223.15	2.21656
2233.15	2.19338
2243.15	2.17064
2253.15	2.14833
2263.15	2.12645
2273.15	2.10498
2283.15	2.08392
2293.15	2.06324
2303.15	2.04295
2313.15	2.02303
2323.15	2.00347
2333.15	1.98427
2343.15	1.96541
2353.15	1.94689
2363.15	1.92870
2373.15	1.91083
2383.15	1.89327
2393.15	1.87602
2403.15	1.85907
2413.15	1.84241

(c)

数据源: 局部表

函数名称: mu

t	f(t)
2413.15	1.84241
2423.15	1.82604
2433.15	1.80994
2443.15	1.79411
2453.15	1.77856
2463.15	1.76326
2473.15	1.74821
2483.15	1.73341
2493.15	1.71886
2503.15	1.70454
2513.15	1.69045
2523.15	1.67659
2533.15	1.66296
2543.15	1.64954
2553.15	1.63633
2563.15	1.62333
2573.15	1.61053
2583.15	1.59793
2593.15	1.58552
2603.15	1.57331
2613.15	1.56128
2623.15	1.54944
2633.15	1.53777
2643.15	1.52628
2653.15	1.51496

(d)

数据源: 局部表

函数名称: mu

t	f(t)
2653.15	1.51496
2663.15	1.50381
2673.15	1.49282
2683.15	1.48200
2693.15	1.47133
2703.15	1.46082
2713.15	1.45045
2723.15	1.44024
2733.15	1.43018
2743.15	1.42025
2753.15	1.41047
2763.15	1.40082
2773.15	1.39131
2783.15	1.38193
2793.15	1.37268
2803.15	1.36356
2813.15	1.35457
2823.15	1.34569
2833.15	1.33694
2843.15	1.3283
2853.15	1.31978
2863.15	1.31137
2873.15	1.30308
2883.15	1.29489
2893.15	1.28681

(e)

数据源: 局部表

函数名称: mu

t	f(t)
2893.15	1.28681
2903.15	1.27884
2913.15	1.27097
2923.15	1.26320
2933.15	1.25554
2943.15	1.24797
2953.15	1.24049
2963.15	1.23312
2973.15	1.22583
2983.15	1.21864
2993.15	1.21153
3003.15	1.20452
3013.15	1.19759
3023.15	1.19074
3033.15	1.18398
3043.15	1.17731
3053.15	1.17071
3063.15	1.16419
3073.15	1.15776
3083.15	1.15140
3093.15	1.14511
3103.15	1.13890
3113.15	1.13276
3123.15	1.12670
3133.15	1.12070

(f)

t	f(t)
3133.15	1.12070
3143.15	1.11478
3153.15	1.10892
3163.15	1.10313
3173.15	1.09741
3183.15	1.09175
3193.15	1.08616
3203.15	1.08063
3213.15	1.07516
3223.15	1.06976
3233.15	1.06441
3243.15	1.05912
3253.15	1.05390
3263.15	1.04873
3273.15	1.04361

图 4-9　定义插值函数

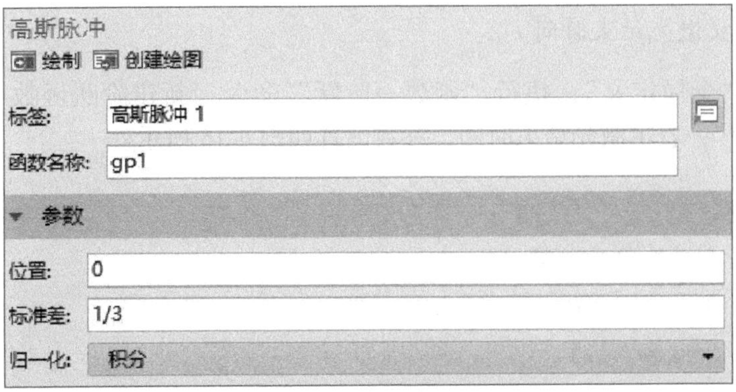

图 4-10　定义高斯脉冲函数 1

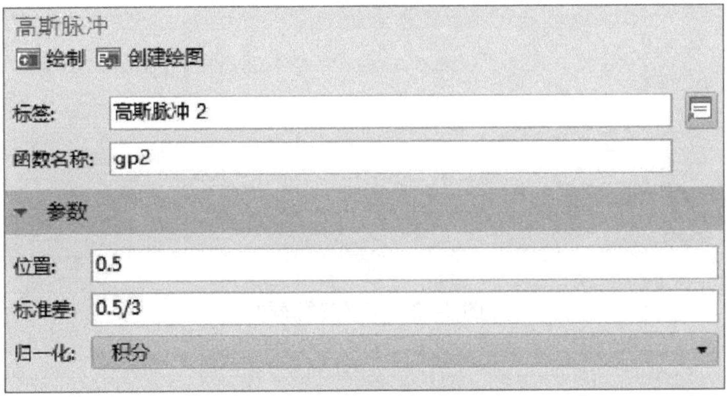

图 4-11　定义高斯脉冲函数 2

7. 定义热源截断

右击"全局定义",执行"函数→阶跃"命令,新建阶跃函数"热源截断(step2)",参数设置如图 4-12 所示。

8. 定义沸点阶跃

右击"全局定义",执行"函数→阶跃"命令,新建阶跃函数"沸点阶跃(step3)",参数设置如图 4-13 所示。

9. 定义激光开始时间

本案例需要模拟激光加热和冷却过程,所以需要定义激光开始时间和激光结束时间。右击"全局定义",执行"函数→阶跃"命令,新建阶跃函数"In_laser(In_laser)",表示激光开始时间,参数设置如图 4-14 所示。

10. 定义激光结束时间

右击"全局定义",执行"函数→阶跃"命令,新建阶跃函数"Out_laser (Out_laser)",表示激光结束时间,参数设置如图 4-15 所示。

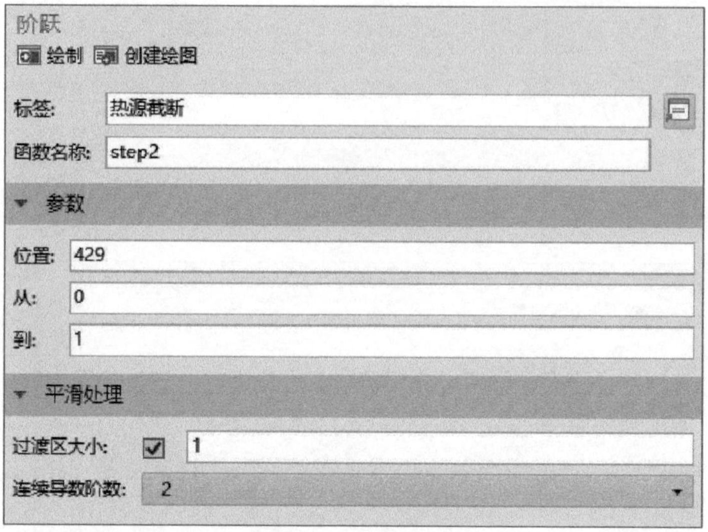

图 4-12　定义热源截断

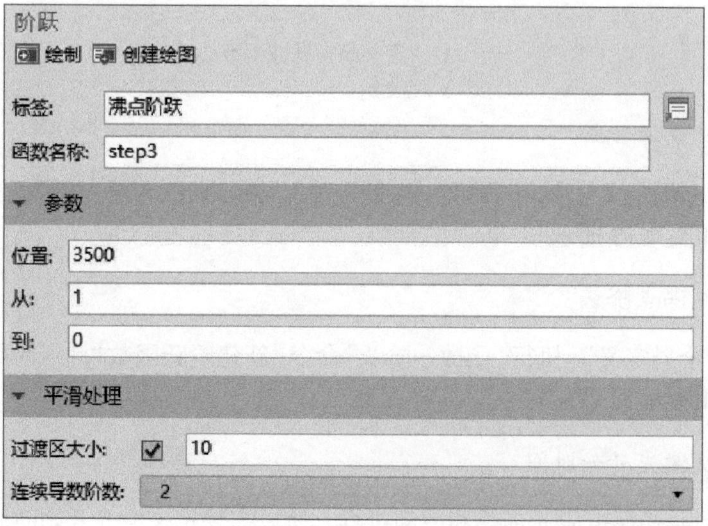

图 4-13　定义沸点阶跃

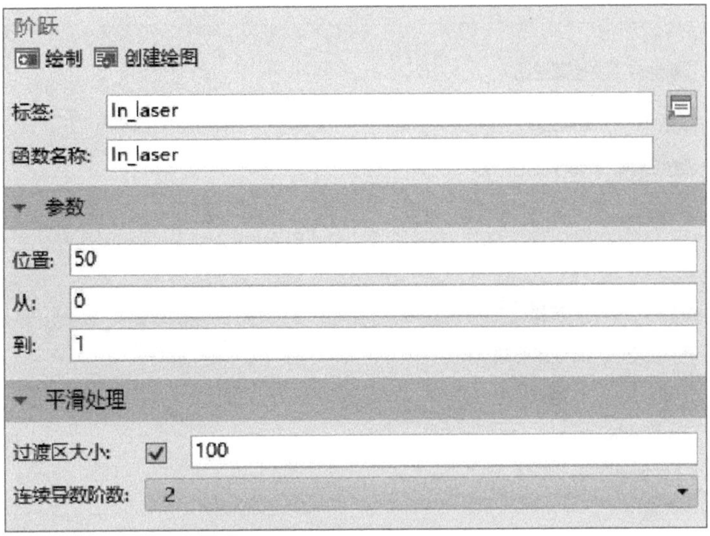

图 4-14 定义激光开始时间

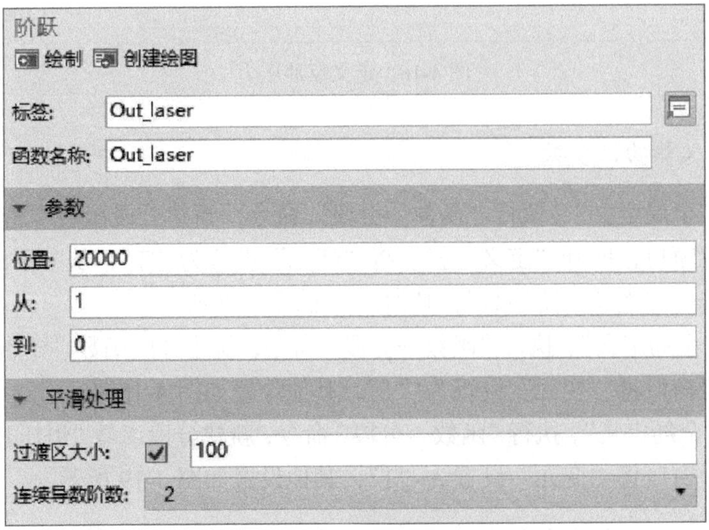

图 4-15 定义激光结束时间

11. 定义反冲压力

右击"全局定义",执行"函数→分段"命令,新建分段函数"反冲压力(psat1)",参数设置如图 4-16 所示。

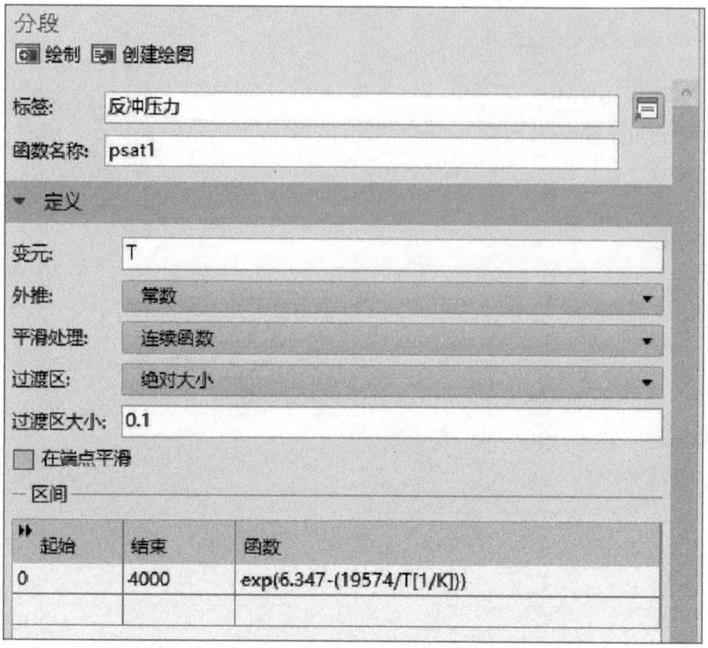

图 4-16　定义反冲压力

12. 定义热物性参数

　　右击"全局定义",执行"函数→分段"命令,新建分段函数"密度(rho)"。在分段设置窗口,展开"定义"栏,将"变元"设置为"T",从"平滑处理"下拉列表中选择"连续二阶导数",其他设置如图 4-17 所示。

　　右击"全局定义",执行"函数→分段"命令,新建分段函数"导热系数(k)",在分段设置窗口将"变元"设置为"T",其他设置如图 4-18 所示。

　　右击"全局定义",执行"函数→分段"命令,新建分段函数"恒压热容(Cp)",在分段设置窗口将"变元"设置为"T",其他设置如图 4-19 所示。

13. 定义环境共享属性

　　为接近真实演化计算效果,将打印层初始温度设置为 673.15K。

　　右击"定义",执行"共享属性→环境属性(ampr1)"命令,在环境属性设置窗口将"环境条件"温度 T_{amb} 设置为"673.15[K]",如图 4-20 所示,后续引用"环境温度",即代表"673.15[K]"。

分段

绘制　创建绘图

标签:	密度
函数名称:	rho

▼　定义

变元:	T
外推:	常数
平滑处理:	连续二阶导数
过渡区:	相对大小
过渡区大小:	0.4

☐ 在端点平滑

区间

起始	结束	函数
0	1923	4420-0.154*(T-300)
1923	4000	3920-0.680*(T-1923)

图 4-17　定义热物性参数(密度)

分段

绘制　创建绘图

标签:	导热系数
函数名称:	k

▼　定义

变元:	T
外推:	常数
平滑处理:	连续二阶导数
过渡区:	相对大小
过渡区大小:	0.3

☐ 在端点平滑

区间

起始	结束	函数
0	1268	1.260+0.016*T
1268	1923	3.513+0.013*T
1923	4000	-12.752+0.024*T

图 4-18　定义热物性参数(导热系数)

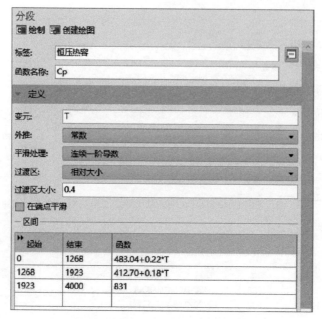

图 4-19　定义热物性参数(恒压热容)

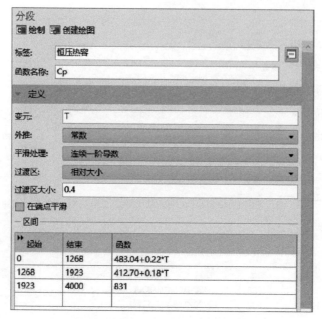

图 4-20　定义环境共享属性

4.3.3　步骤 3：构建几何

1. 定义几何单位

在模型开发器窗口中，单击"几何 1"，在几何设置窗口中，将"长度单位"选择"mm"，"角单位"选择"度"，如图 4-21 所示，其他为默认设置。

图 4-21　定义几何单位

2. 构建打印层几何

右击"几何 1"，执行"矩形"命令，构建参数设置如图 4-22 所示的矩形，代表打印层。在"大小和形状"栏，"宽度"设置为"60"，"高度"设置为"10"；在"位置"栏，"基"选择"角"，"x"设置为"0"，"y"设置为"420"。

3. 构建保护气体几何

右击"几何 1"，执行"矩形"命令，构建参数设置如图 4-23 所示的矩形，代表保护气体。在"大小和形状"栏，"宽度"设置为"60"，"高度"设置为"6"；在"位置"栏，"基"选择"角"，"x"设置为"0"，"y"设置为"430"。

4. 构建粉末几何

右击"几何 1"，执行"圆"命令，构建参数设置如图 4-24 所示的 40 个圆，

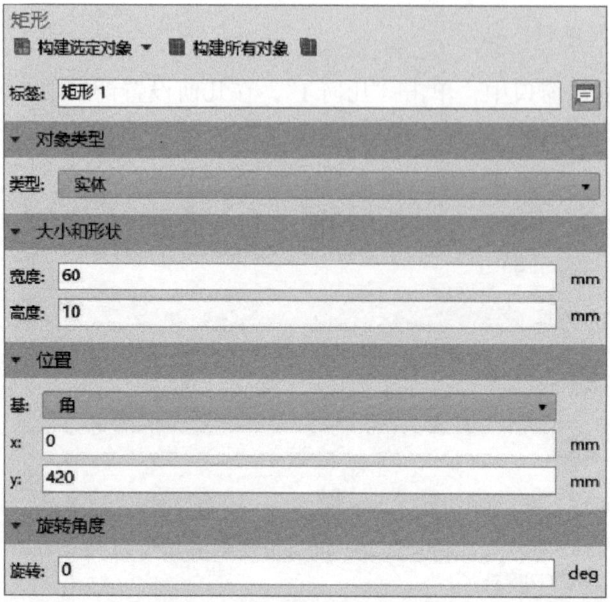

图 4-22　构建打印层几何

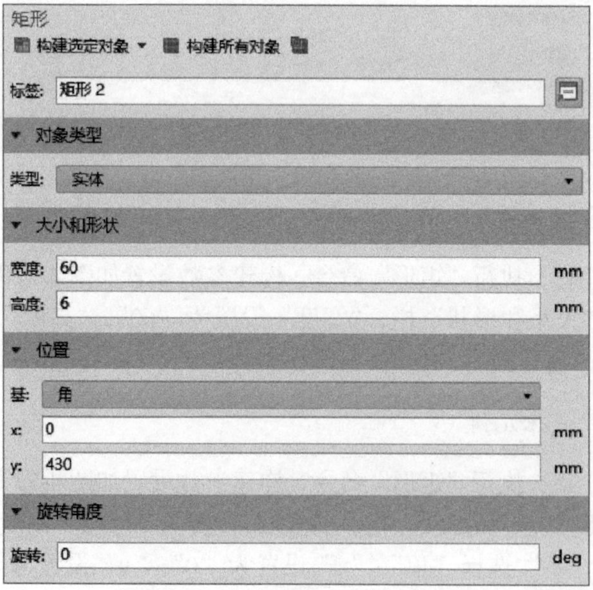

图 4-23　构建保护气体几何

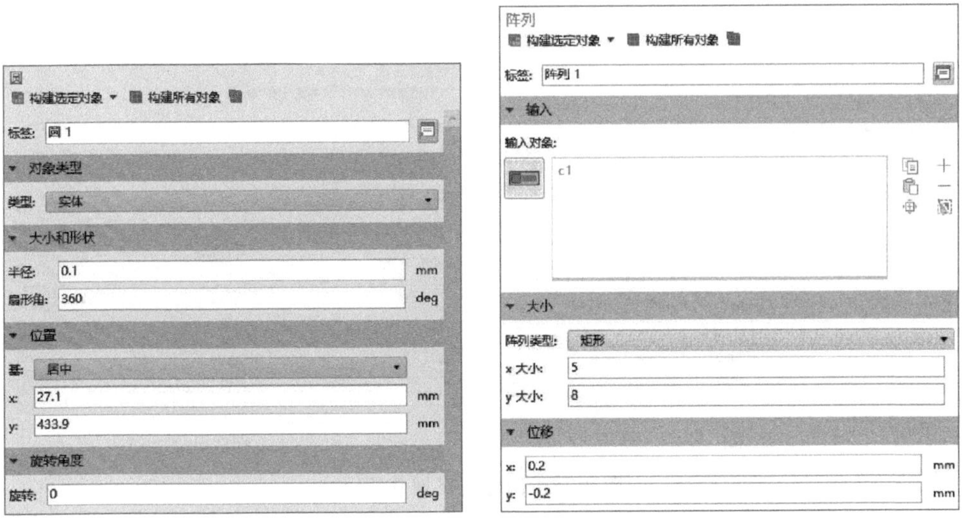

(a) (b)

图 4-24 构建粉末几何

代表粉末。在"大小和形状"栏,"半径"设置为"0.1","扇形角"设置为"360";在"位置"栏,"基"选择"居中","x"设置为"27.1","y"设置为"433.9"。右击"几何 1",执行"变换→阵列"命令,在阵列设置窗口中,"输入对象"选择"c1",即上文所建的"圆",在"大小"栏,"x 大小"设置为"5","y 大小"设置为"8";在"位移"栏,"x"设置为"0.2","y"设置为"-0.2"。

5. 构建网格划分几何

右击"几何 1",执行"多边形"命令,重复 4 次,构建参数设置如图 4-25 所示的多边形。多边形 1 输入点坐标(15, 420)、(15, 430);多边形 2 输入点坐标(45, 420)、(45, 430);多边形 3 输入点坐标(15, 425)、(45, 425);多边形 4 输入点坐标(26, 430)、(26, 434.5)、(34, 434.5)、(34, 430)。

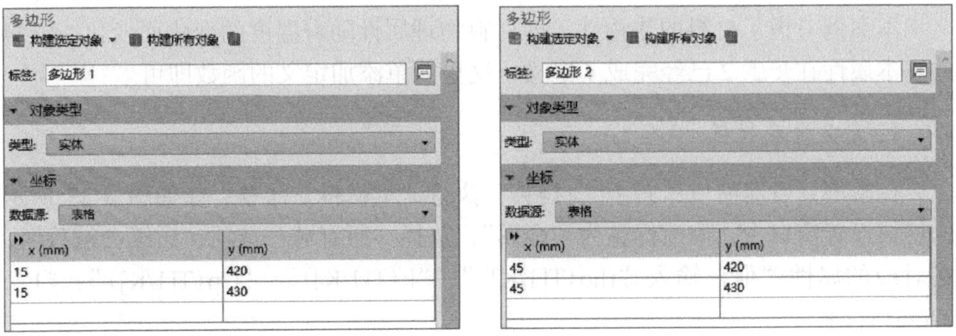

(a) (b)

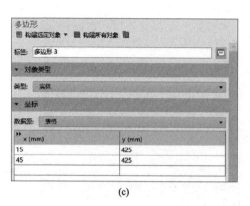

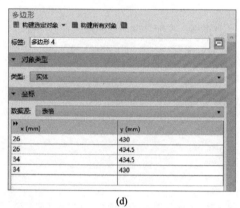

(c)　　　　　　　　　　　　　　(d)

图 4-25　构建网格划分几何

6. 形成联合体

在模型开发器窗口中单击"形成联合体",并单击"全部构建"按钮,如图 4-26 所示。

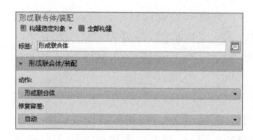

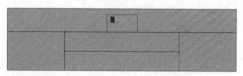

图 4-26　形成联合体

4.3.4　步骤 4：定义材料

本案例考虑了材料的热物性,即材料物理属性随着温度的变化而变化。材料的基本属性在步骤 2 已经完成了定义,这里简单添加定义的函数即可。

1. 定义金属材料

在模型开发器窗口,右击"材料",执行"空材料"命令,在如图 4-27 所示的材料设置窗口中,修改标签为"金属",选择"所有域"选项,后续会被替换,在对应的属性"值"输入"rho(T[1/K])"、"k(T[1/K])"、"Cp(T[1/K])"、"1"、"mu(T[1/K])"。

图 4-27　定义金属材料

2. 定义氩气

右击"材料",执行"空材料"命令,打开如图 4-28 所示的材料设置窗口。修改标签为"Argon[gas]",在"材料属性明细"栏选择添加密度、动力黏度、导热系数、恒压热容、比热率,然后在对应属性"值"输入"0.5"、"1e-4"、"0.07"、"520"、"1"。展开"Argon[gas](mat2)→基本"选项,打开如图 4-28 所示的属性组设置窗口。在"局部属性"栏设置"HC"、"TD"分别为"HC_gas_2(T[1/K])[J/(mol*K)]"、"TD(T[1/K])[m^2/s]",并展开"外观"栏进行设置。图 4-28 设置的氩气不选择任何域,后续会被替换。

展开"Argon[gas](mat2)"选项,右击"基本",执行"函数→分段函数"命令,重复 6 次新建 6 个分段,依次定义为"分段 1(k_gas_4)、分段 2(C_gas_2)、分段 3(HC_gas_2)、分段 4(rho_gas_3)、分段 5(TD)、分段 6(eta)",如图 4-29 所示。由于图 4-29 中文本框显示不全,将其区间数值列入表 4-1~表 4-6 中。

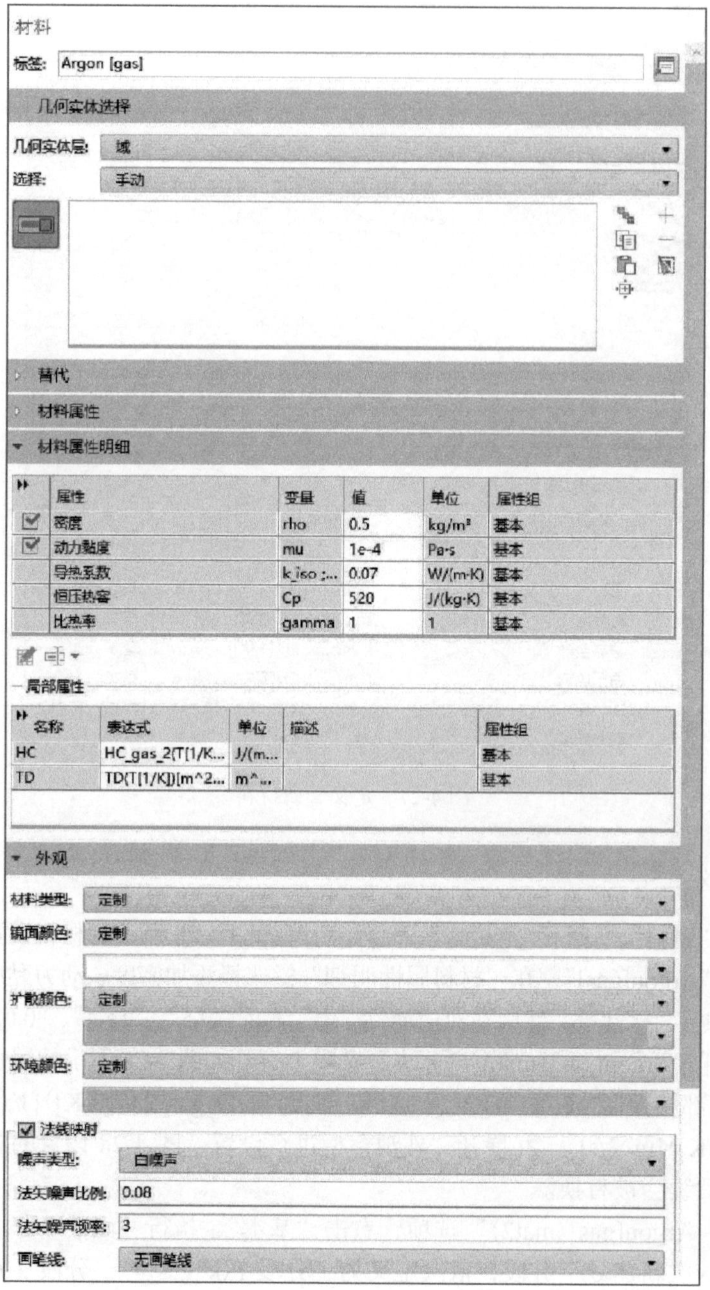

材料

标签：Argon [gas]

几何实体选择

几何实体层： 域

选择： 手动

▸ 替代

▸ 材料属性

▾ 材料属性明细

	属性	变量	值	单位	属性组
☑	密度	rho	0.5	kg/m³	基本
☑	动力黏度	mu	1e-4	Pa·s	基本
	导热系数	k_iso ;...	0.07	W/(m·K)	基本
	恒压热容	Cp	520	J/(kg·K)	基本
	比热率	gamma	1	1	基本

局部属性

	名称	表达式	单位	描述	属性组
	HC	HC_gas_2(T[1/K...	J/(m...		基本
	TD	TD(T[1/K])[m^2...	m^...		基本

▾ 外观

材料类型： 定制

镜面颜色： 定制

扩散颜色： 定制

环境颜色： 定制

☑ 法线映射

噪声类型： 白噪声

法矢噪声比例： 0.08

法矢噪声频率： 3

画笔线： 无画笔线

图 4-28　定义氩气基本属性

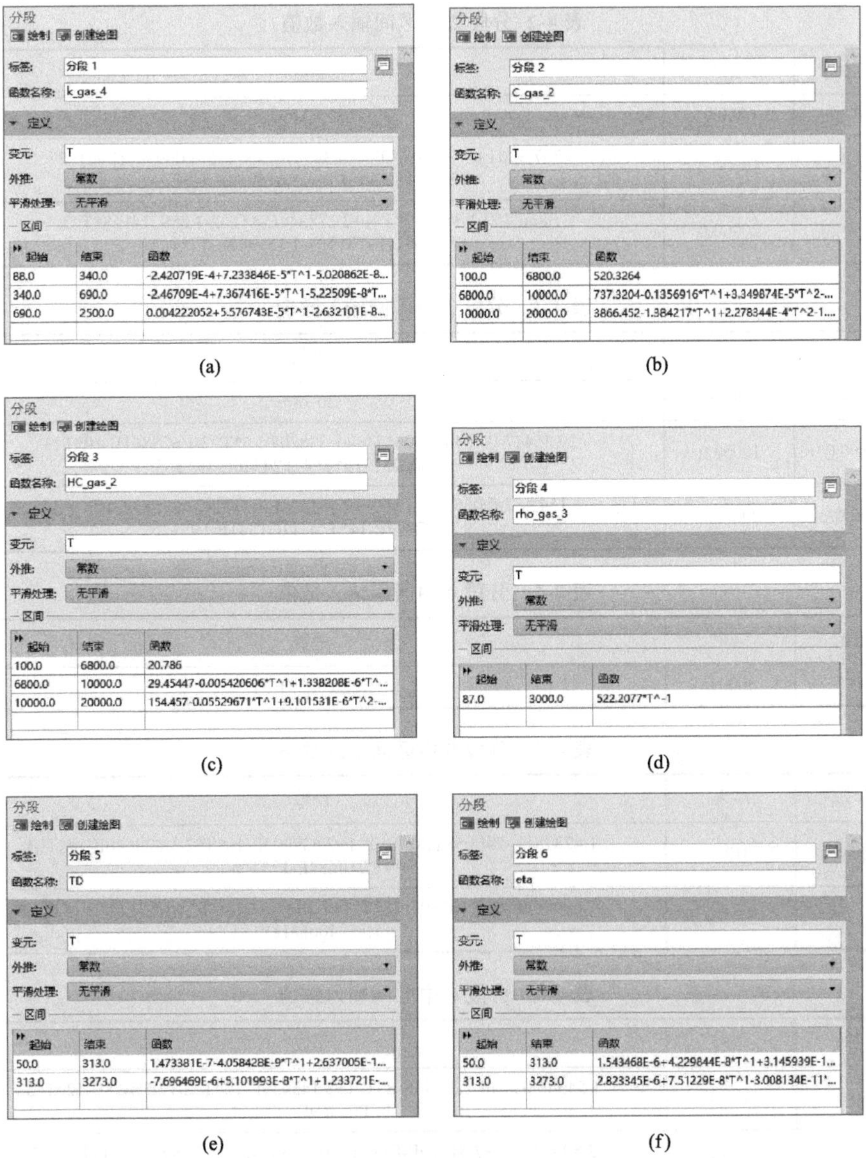

(a)

分段
绘制　创建绘图

| 标签： | 分段 1 |
| 函数名称： | k_gas_4 |

▼ 定义

变元：　T
外推：　常数
平滑处理：　无平滑

区间

起始	结束	函数
88.0	340.0	-2.420719E-4+7.233846E-5*T^1-5.020862E-8··
340.0	690.0	-2.46709E-4+7.367416E-5*T^1-5.22509E-8*T··
690.0	2500.0	0.004222052+5.576743E-5*T^1-2.632101E-8··

(b)

分段
绘制　创建绘图

| 标签： | 分段 2 |
| 函数名称： | C_gas_2 |

▼ 定义

变元：　T
外推：　常数
平滑处理：　无平滑

区间

起始	结束	函数
100.0	6800.0	520.3264
6800.0	10000.0	737.3204-0.1356916*T^1+3.349874E-5*T^2-··
10000.0	20000.0	3866.452-1.384217*T^1+2.278344E-4*T^2-1··

(c)

分段
绘制　创建绘图

| 标签： | 分段 3 |
| 函数名称： | HC_gas_2 |

▼ 定义

变元：　T
外推：　常数
平滑处理：　无平滑

区间

起始	结束	函数
100.0	6800.0	20.786
6800.0	10000.0	29.45447-0.005420606*T^1+1.338208E-6*T^··
10000.0	20000.0	154.457-0.05529671*T^1+9.101531E-6*T^2-··

(d)

分段
绘制　创建绘图

| 标签： | 分段 4 |
| 函数名称： | rho_gas_3 |

▼ 定义

变元：　T
外推：　常数
平滑处理：　无平滑

区间

起始	结束	函数
87.0	3000.0	522.2077*T^-1

(e)

分段
绘制　创建绘图

| 标签： | 分段 5 |
| 函数名称： | TD |

▼ 定义

变元：　T
外推：　常数
平滑处理：　无平滑

区间

起始	结束	函数
50.0	313.0	1.473381E-7-4.05842BE-9*T^1+2.637005E-1··
313.0	3273.0	-7.696469E-6+5.101993E-8*T^1+1.233721E-··

(f)

分段
绘制　创建绘图

| 标签： | 分段 6 |
| 函数名称： | eta |

▼ 定义

变元：　T
外推：　常数
平滑处理：　无平滑

区间

起始	结束	函数
50.0	313.0	1.543468E-6+4.229844E-8*T^1+3.145939E-1··
313.0	3273.0	2.823345E-6+7.51229E-8*T^1-3.008134E-11··

图 4-29　定义氩气基本属性分段函数设置

表 4-1　分段 1 中区间输入数值

起始	结束	函数
88.0	340.0	-2.420719E-4+7.233846E-5*T^1-5.020862E-8*T^2+2.864443E-11*T^3
340.0	690.0	-2.46709E-4+7.367416E-5*T^1-5.22509E-8*T^2+2.297758E-11*T^3
690.0	2500.0	0.004222052+5.576743E-5*T^1-2.632101E-8*T^2+1.050359E-11*T^3-1.587964E-15*T^4

表 4-2　分段 2 中区间输入数值

起始	结束	函数
100.0	6800.0	520.3264
6800.0	10000.0	737.3204-0.1356916*T^1+3.349874E-5*T^2-4.069944E-9*T^3 +2.423156E-13*T^4-5.615953E-18*T^5
10000.0	20000.0	3866.452-1.384217*T^1+2.278344E-4*T^2-1.859314E-8*T^3 +7.466511E-13*T^4-1.159342E-17*T^5

表 4-3　分段 3 中区间输入数值

起始	结束	函数
100.0	6800.0	20.786
6800.0	10000.0	29.45447-0.005420606*T^1+1.338208E-6*T^2-1.625861E-10*T^3 +9.680023E-15*T^4-2.24346E-19*T^5
10000.0	20000.0	154.457-0.05529671*T^1+9.101531E-6*T^2-7.427587E-10*T^3 +2.982722E-14*T^4-4.631341E-19*T^5

表 4-4　分段 4 中区间输入数值

起始	结束	函数
87.0	3000.0	522.2077*T^-1

表 4-5　分段 5 中区间输入数值

起始	结束	函数
50.0	313.0	1.473381E-7-4.058428E-9*T^1+2.637005E-10*T^2-1.823646E-13*T^3 +8.210684E-17*T^4
313.0	3273.0	-7.696469E-6+5.101993E-8*T^1+1.233721E-10*T^2-1.523237E-14*T^3 +1.553406E-18*T^4

表 4-6　分段 6 中区间输入数值

起始	结束	函数
50.0	313.0	1.543468E-6+4.229844E-8*T^1+3.145939E-10*T^2-1.058698E-12*T^3 +1.095469E-15*T^4
313.0	3273.0	2.823345E-6+7.51229E-8*T^1-3.008134E-11*T^2+8.881353E-15*T^3 -1.007569E-18*T^4

4.3.5　步骤 5：定义流体流动

1. 定义多物理场

在定义流体流动前需先定义多物理场。在模型开发器窗口中，右击"多物理场"，执行"两相流，水平集(tpf1)"命令，在如图 4-30 所示设置窗口中选择"所有域"选项，定义"流体 1 属性"、"流体 2 属性"以及"表面张力"，"表面张力"

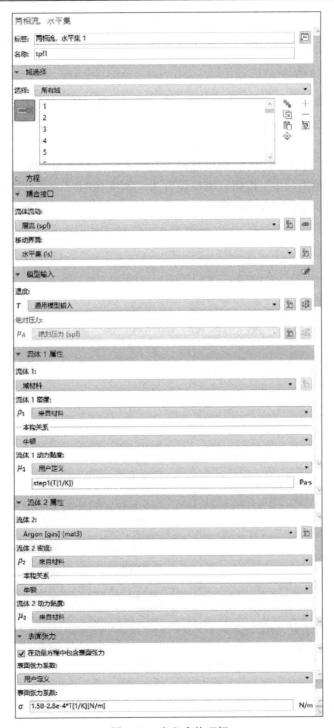

图 4-30　定义多物理场

中勾选"在动量方程中包含表面张力"复选框，在"表面张力系数"下拉列表中选择"用户定义"选项，将"表面张力系数"设置为"1.58-2.8e-4*T[1/K][N/m]"。

2. 定义流体属性

单击"层流(spf)"，在层流设置窗口中已自动选择"所有域"选项，在"物理模型"栏，勾选"包含重力"和"使用约化压力"复选框，参考温度设置为"673.15[K]"；在"离散化"栏，"流体离散化"选择"P2+P1"，如图 4-31(a)所示。单击"流体属性"，在流体属性设置窗口中，温度选择"用户定义"，设置为"293.15[K]"，在"模型输入"右侧单击"🖉"按钮；密度设置为"密度(tpf1)"，动力黏度设置为"动力黏度(tpf1)"，如图 4-31(b)所示。

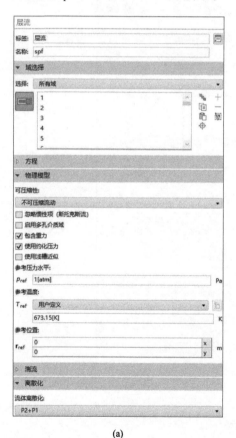

(a)

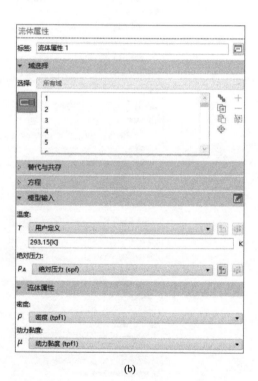

(b)

图 4-31　定义流体属性

3. 定义初始值

初始值设置保持默认即可，如图 4-32 所示。

图 4-32　定义初始值

4. 定义压力点约束

右击"层流(spf)"，执行"点(数)→压力点约束"命令，在压力点约束设置窗口选择粉末边缘点，推荐右边缘点 94、95、96、97、98、99、100、101，如图 4-33 所示。

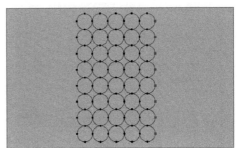

图 4-33　定义压力点约束

5. 定义体积力

右击"层流(spf)",执行"体积力"命令,弹出设置窗口如图 4-34 所示,在"体积力"文本框中输入"-0.01*0.054*psat1(comp1.T[1/K])[atm]*gp2(phils)*step2(y[1/mm])/ls.ep_default",并选择"所有域"选项,代表反冲压力。

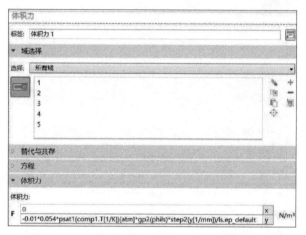

图 4-34　定义体积力

6. 定义入口和出口

右击"层流(spf)",分别执行"入口"和"出口"命令,在相应的设置窗口中,选择边界 5 和边界 7,设置如图 4-35 所示。

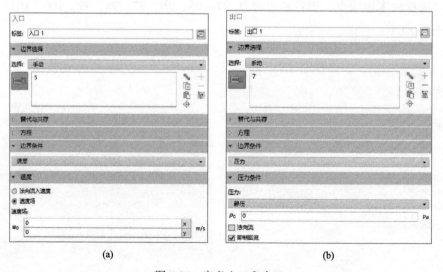

(a)　　　　　　　　　　　　　　　　(b)

图 4-35　定义入口和出口

4.3.6　步骤 6：定义流体传热

1. 定义流体

在模型开发器窗口中，展开"流体传热(ht)→流体 1"选项，在流体设置窗口中，"绝对压力"选择"绝对压力(spf)"选项，"速度场"选择"速度场(spf)"选项，"流体类型"选择"气体/液体"选项，如图 4-36 所示。

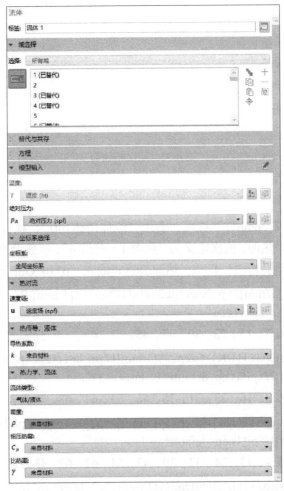

图 4-36　定义流体

2. 定义初始值

展开"流体传热(ht)→初始值 1"选项，在初始值设置窗口中，"温度"选择

"环境温度（ampr1）"选项，如图 4-37 所示。

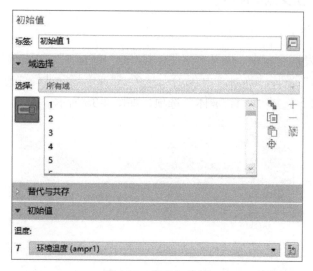

图 4-37　定义初始值

3. 定义热源

展开"组件 1（comp1）"选项，右击"流体传热（ht）"，执行"热源"命令，重复 6 次新建 6 个热源，依次定义为"热源 1～热源 6"，参数设置如图 4-38 所示。

热源 1 选择域 1、3、4、6，热源表达式输入"6*16*Out_laser（t[1/s]）*step3（T[1/K]）*step2（y[1/mm]）*p_laser*gp2（phils）*gp1（x[1/mm]-27-v_laser*t[1/mm]）/（pi*ls.ep_default*（r_laser）^2）"。

热源 2 选择域 7、15、22、30、37、45、52、60、67，热源表达式输入"6*16*Out_laser（t[1/s]）*step3（T[1/K]）*step2（y[1/mm]）*p1_laser*gp2（phils）*gp1（x[1/mm]-27-v_laser*t[1/mm]）/（pi*ls.ep_default*（r_laser）^2）"。

热源 3 选择域 8、16、23、31、38、46、53、61、68，热源表达式输入"6*16*Out_laser（t[1/s]）*step3（T[1/K]）*step2（y[1/mm]）*p2_laser*gp2（phils）*gp1（x[1/mm]-27-v_laser*t[1/mm]）/（pi*ls.ep_default*（r_laser）^2）"。

热源 4 选择域 9、17、24、32、39、47、54、62、69，热源表达式输入"6*16*Out_laser（t[1/s]）*step3（T[1/K]）*step2（y[1/mm]）*p3_laser*gp2（phils）*gp1（x[1/mm]-27-v_laser*t[1/mm]）/（pi*ls.ep_default*（r_laser）^2）"。

热源 5 选择域 10、18、25、33、40、48、55、63、70，热源表达式输入"6*16*Out_laser（t[1/s]）*step3（T[1/K]）*step2（y[1/mm]）*p4_laser*gp2（phils）*gp1（x[1/mm]-27-v_laser*t[1/mm]）/（pi*ls.ep_default*（r_laser）^2）"。

热源6选择域11、19、26、34、41、49、56、64、71，热源表达式输入"6*16* Out_laser(t[1/s])*step3(T[1/K])*step2(y[1/mm])*p5_laser*gp2(phils)*gp1(x[1/mm]-27-v_laser*t[1/mm])/(pi*ls.ep_default*(r_laser)^2)"。

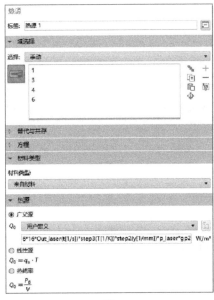

(a)

(b)

(c)

(d)

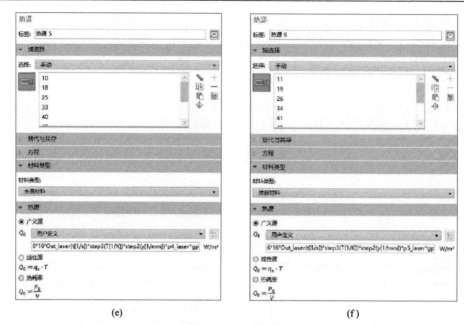

(e)   (f)

图 4-38　定义热源

4. 定义恒温边界条件

右击"流体传热(ht)"，执行"温度"命令，在温度设置窗口中，选择模型底部 2、7、17，"温度"设置为"环境温度(ampr1)"，如图 4-39 所示。

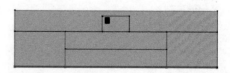

图 4-39　定义恒温边界条件

5. 定义对流边界条件

右击"流体传热(ht)"，执行"热通量"命令，在热通量设置窗口中，选择模型顶部 5，"热通量"设置为"对流热通量"，"传热系数"设置为"80"，"外部温度"设定为"环境温度(amth_ht)"，如图 4-40 所示。

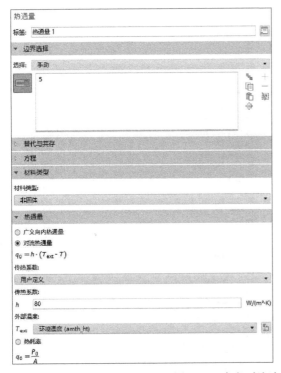

图 4-40　定义对流边界条件

6. 定义相变

右击"流体传热(ht)"，执行"流体"命令，在流体设置窗口中，将标签修改为"相变材料 1"，"域选择"选择所有打印层区域，即计算域 1，以及 40 个粉末颗粒区域，即计算域 1、3、4、6～14、22～29、37～44、52～59、67～74；"绝对压力"选择"绝对压力(spf)"选项，"速度场"选择"速度场(spf)"选项。

右击"相变材料 1"，执行"相变材料"命令。展开"相变材料 1(原来的流体 2)→相变材料 1"选项，在相变材料设置窗口中，"相 1 与相 2 之间的相变温度"设置为"1903[K]"，"相 1 与相 2 之间的转变间隔"设置为"50[K]"，"从相 1 到相 2 的潜热"设置为"286[kJ/kg]"，"材料，相 1"和"材料，相 2"均选择"域材料"，如图 4-41 所示。

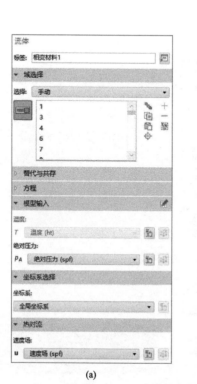

(a)

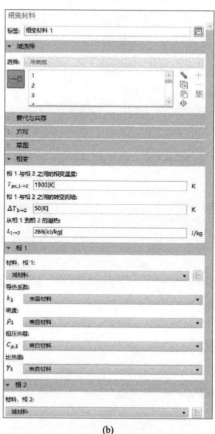

(b)

图 4-41 定义相变

4.3.7 步骤 7：定义水平集

1. 定义水平集模型

在模型开发器窗口中，展开"水平集(ls)"选项，在水平集设置窗口中，在"离散化"栏的"水平集变量"中选择"二次"。单击"水平集模型 1"，在水平集模型设置窗口将"界面厚度控制参数"改为"ls.ep_default/2"，如图 4-42 所示。

2. 定义初始值

右击"水平集(ls)"，执行"初始值"命令，新建"初始值 2"。

单击"初始值 2"，在初始值设置窗口，在"域选择"栏指定上方保护气体域 2、5、15～21、30～36、45～51、60～66 为"流体 2(φ=1)"，如图 4-43 所示。返回"初始值 1"，可以发现粉末和打印层为"流体 1(φ=0)"，这是自然替代的结果，并不需要特别的操作。单击"无流动"，可以发现四周边界为"无流动边界"。

3. 定义初始界面

右击"水平集(ls)"，执行"初始界面"命令(5.6 版本中已无"初始界面"，可忽略)，在初始界面设置窗口的"边界选择"栏选择打印层和保护气体的分界线以及粉末和保护气体的分界线，即边界 4、10、12、15、19、22~181，如图 4-44 所示。

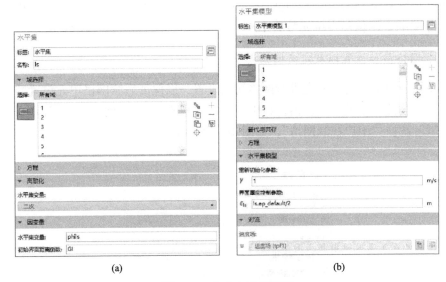

(a)　　　　　　　　　　　　　(b)

图 4-42　定义水平集模型

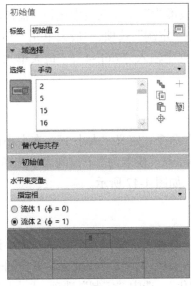

图 4-43　定义初始值

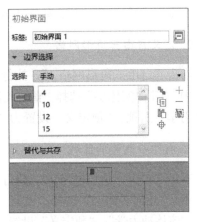

图 4-44　定义初始界面

4.3.8　步骤 8：划分网格

由于计算资源的限制，同时考虑到计算精度，本案例采用"局部细化"的方法来划分网格，对粉末边界、打印层与保护气体之间的边界，以及粉末熔化滴落的区域进行细化，以保证计算精度。经过统计，模型总网格顶点数为 32869，总网格单元数为 65480，平均单元质量为 0.8659，单元面积比为 0.03017，边单元网格数为 3104，网格顶点单元数为 109。

1. 网格初始设置以及定义网格大小

在划分网格之前需要先进行网格初始设置，以保证后续网格单元设置的一致性以及延续性。在模型开发器窗口中，单击"网格 1"，在网格设置窗口中，"序列类型"选择"用户控制网格"，如图 4-45 所示。

图 4-45　网格初始设置

单击"大小"，在大小设置窗口中，从"校准为"下拉列表中选择"流体动力学"选项，"预定义"设置为"极细化"，选中"定制"选项，"最大单元大小"文本框中输入"0.255"，"最小单元大小"文本框中输入"7.6E-4"，"最大单元增长率"文本框中输入"1.05"，如图 4-46 所示。

2. 定义自由三角形网格

右击"自由三角形网格 1"，执行"大小"命令，定义"大小 1"。在大小设置窗口中，"几何实体层"选择"整个几何"选项，从"校准为"下拉列表中选择"流体动力学"选项，"预定义"设置为"常规"，如图 4-47 所示。

3. 打印层热影响区域细化

右击"自由三角形网络 1"，执行"大小"命令，定义"大小 2"。在大小设置窗口中，"几何实体层"选择"域"，选择打印层域 4，从"校准为"下拉列表中选择"流体动力学"，"预定义"设置为"超细化"，选中"定制"选项，"最大单

大小"文本框中输入"0.3","最小单元大小"文本框中输入"0.0039",如图 4-48
所示。

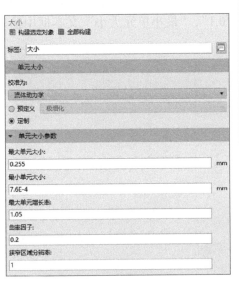

图 4-46 定义网格大小

图 4-47 定义自由三角形网格

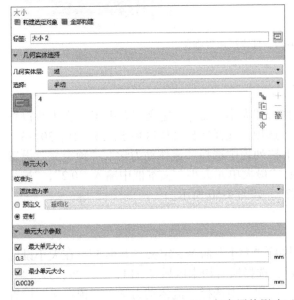

图 4-48 打印层热影响区域细化

4. 打印层边界细化

右击"自由三角形网络 1", 执行"大小"命令, 定义"大小 3"。在大小设置窗口中, "几何实体层"选择"边界"选项, 选择边界 4、10、12、15、19, 从"校准为"下拉列表中选择"流体动力学", "预定义"设置为"超细化", 选中"定制"选项, "最大单元大小"文本框中输入"0.1", "最小单元大小"文本框中输入"0.0039", 如图 4-49 所示。

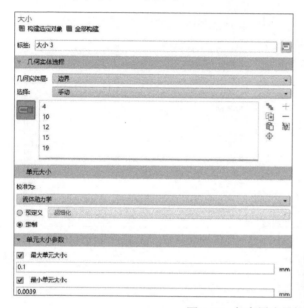

图 4-49　打印层边界细化

5. 熔滴滴落区域细化

右击"自由三角形网络 1", 执行"大小"命令, 定义"大小 4"。在大小设置窗口中, "几何实体层"选择"域"选项, 选择保护气体区域 5、15~21、30~36、45~51、60~66, 从"校准为"下拉列表中选择"流体动力学", "预定义"设置为"极细化", 选中"定制"选项, "最大单元大小"文本框中输入"0.2", "最小单元大小"文本框中输入"0.0012", 如图 4-50 所示。

6. 金属粉末区域细化

右击"自由三角形网络 1", 执行"大小"命令, 定义"大小 5"。在大小设置窗口中, "几何实体层"选择"域", 选择所有粉末区域 7~14、22~29、37~44、52~59、67~74, 从"校准为"下拉列表中选择"流体动力学", "预定义"设置为"极细化", 选中"定制"选项, "最大单元大小"文本框中输入"0.25", "最小单元大小"文本框中输入"0.0012",如图 4-51 所示。

图 4-50　熔滴滴落区域细化　　　　　　　　图 4-51　金属粉末区域细化

7. 划分网格

在模型开发器窗口分别右击"角细化"和"边界层",执行"禁用"命令。单击"网格 1",在网格设置窗口中单击"全部构建"按钮构建所有网格,划分完成的网格如图 4-52 所示,在粉末边界和打印层边界处较密。此时会弹出警告"size3

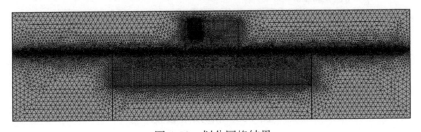

图 4-52　划分网格结果

的网格大小设置已覆盖为相邻实体中更细化的设置", 可忽略。

4.4　问 题 求 解

4.4.1　步骤 1: 相初始化设置

在模型开发器窗口中, 展开"研究 1→步骤 1: 相初始化"选项, 在相初始化设置窗口中对"求解时显示结果"、"物理场和变量选择"、"因变量值"、"自适应和误差估计"等进行设置, "绘图组"选择"温度（ht）", "更新基于"选择"求解器采用的步长", 如图 4-53 所示。

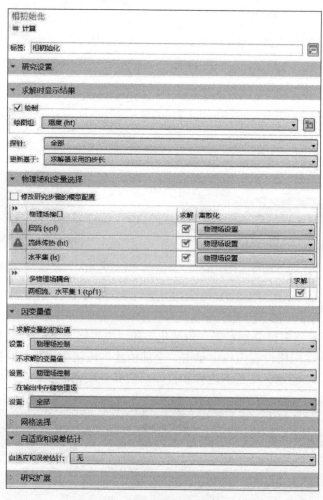

图 4-53　相初始化设置

4.4.2　步骤 2：瞬态设置

在模型开发器窗口中，单击"步骤 2：瞬态"，在瞬态设置窗口中，"时间单位"选择"s"，"输出时间"设置为"range(0,0.0002,0.3)"，"容差"选择"用户控制"，"相对容差"设置为"0.04"，"物理场接口"勾选"层流(spf)"、"流体传热(ht)"和"水平集(ls)"复选框，依次对"研究设置"、"求解时显示结果"、"物理场和变量选择"、"因变量值"、"适应"等进行设置，如图 4-54 所示。

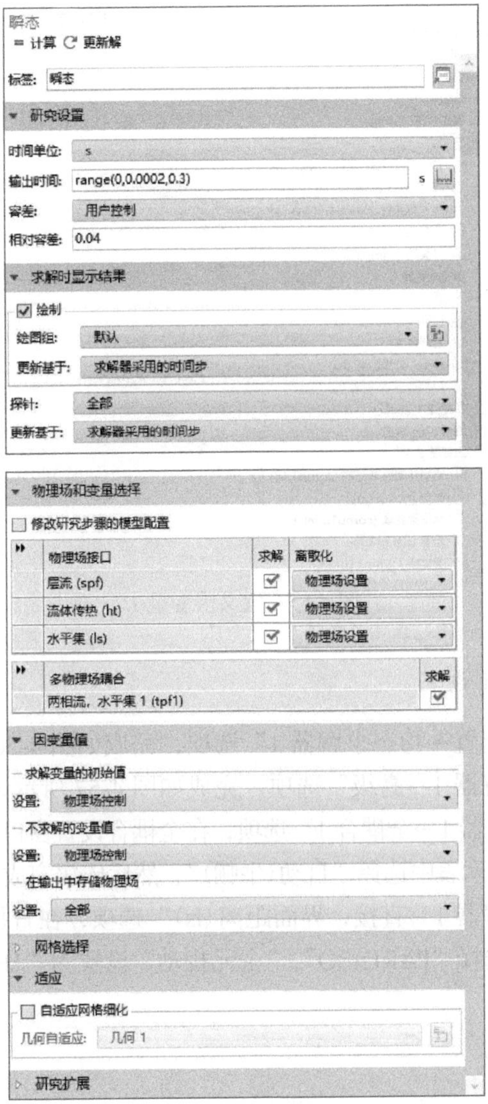

图 4-54　瞬态设置

4.4.3 步骤 3：稳态求解器设置

1. 因变量 1 设置

在模型开发器窗口中，右击"研究 1"，执行"显示默认求解器"命令。展开"求解器配置→解 1(sol1)→因变量 1"选项，完成如图 4-55 所示设置。

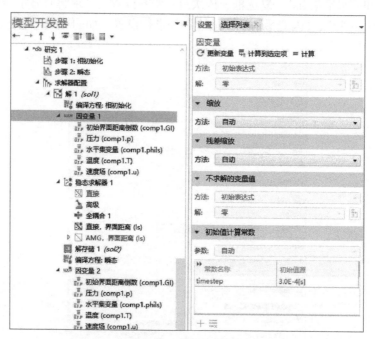

图 4-55　定义因变量 1

2. 稳态求解器 1 设置

展开"求解器配置→稳态求解器 1"选项，完成如图 4-56 所示设置。

展开"稳态求解器 1→高级"选项，完成如图 4-57 所示设置。

展开"稳态求解器 1→全耦合 1"选项，在全耦合设置窗口"方法和终止"栏的"非线性方法"下拉列表中选择"自动(牛顿)"，然后依次完成如图 4-58 所示设置。

展开"稳态求解器 1→直接，界面距离(ls)"选项，在直接设置窗口，从"求解器"下拉列表中选择"PARDISO"，"主元扰动"设置为"1E-8"，完成如图 4-59 所示设置。

3. 因变量 2 设置

单击"因变量 2"，完成如图 4-60 所示设置。"残差缩放"栏中，"方法"选择

"自动","用于更新残差比例的阈值"设置为"100"。

4. 瞬态求解器 1 设置

展开"求解器配置→瞬态求解器 1"选项,在瞬态求解器设置窗口取消勾选"初始化后重新缩放"复选框,其他设置如图 4-61 所示。

图 4-56　定义稳态求解器 1

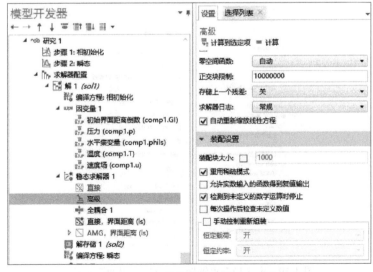

图 4-57　定义稳态求解器 1→高级

图 4-58　定义稳态求解器 1→全耦合 1

图 4-59　定义稳态求解器 1→直接，界面距离(ls)

图 4-60　定义因变量 2

图 4-61　定义瞬态求解器 1

　　展开"瞬态求解器 1→高级"选项,在高级设置窗口中取消勾选"重用稀疏模式"复选框,完成如图 4-62 所示设置。

　　右击"瞬态求解器 1",执行"上一个解"命令,完成如图 4-63 所示设置。

图 4-62　定义瞬态求解器 1→高级

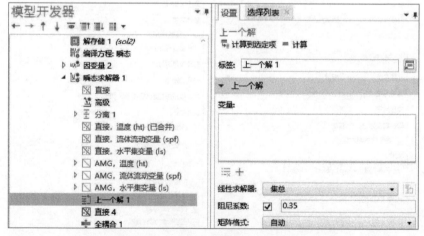

图 4-63　定义瞬态求解器 1→上一个解

右击"瞬态求解器 1",执行"直接"命令,新建"直接 4"。单击"直接 4",在直接设置窗口中,"求解器"选择"PARDISO","主元扰动"设置为"1E-8",完成如图 4-64 所示设置。

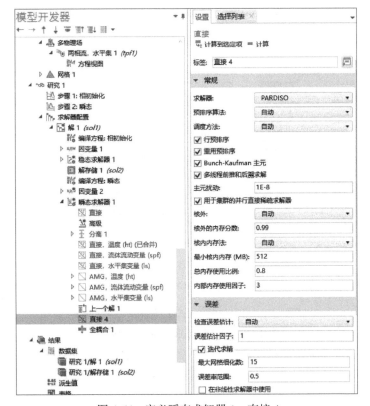

图 4-64　定义瞬态求解器 1→直接 4

右击"瞬态求解器 1"，执行"全耦合"命令，在全耦合设置窗口中，"线性求解器"选择"直接 4"，"方法和终止"栏的"非线性方法"选择"自动(牛顿)"选项，"最大迭代次数"设置为"500"，完成如图 4-65 所示设置。

单击"研究 1"，在研究设置窗口单击"=计算"按钮，开始计算。

4.5　结果后处理

在模型开发器窗口中，右击"结果"，执行"二维绘图组"命令，在二维绘图组设置窗口中将标签改为"温度"。右击"温度"，执行"表面"命令，新建"表面 1"，在"表达式"栏，"表达式"修改为"T"，"单位"为"K"。右击"表面 1"，执行"过滤器"命令，在过滤器设置窗口"单元选择"栏内修改"包含逻辑表达式"为"phils<0.5"，单击"绘制"按钮，显示打印层区域。

为了取得更好的显示效果，可以固定云图的颜色。具体操作为：单击"表面"，打开表面设置窗口，在"范围"栏，勾选"手动控制数据范围"复选框，"最小值"设置为"293.93256"，"最大值"设置为"3546.85388"，如图 4-66 所示。

图 4-65　定义瞬态求解器 1→全耦合

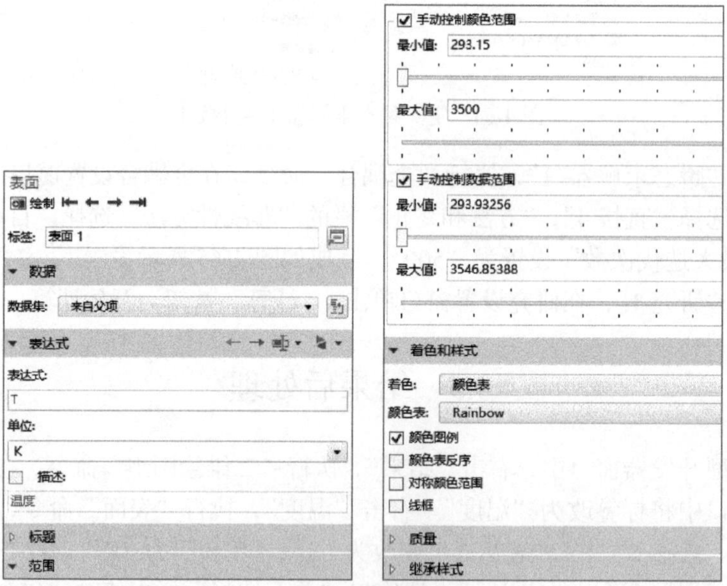

图 4-66　设置温度表面

　　返回温度设置窗口，数据集选择"研究 1/解 1(sol1)"，可以在"时间"栏选择感兴趣的时刻。激光粉末床熔融初始状态如图 4-67 所示，由于激光未加载，温度并未发生任何变化，保持在初始温度。粉末融化滴落过程，即 0～50ms 时粉末熔融状态如图 4-67～图 4-72 所示，可以发现粉末熔化聚集成液滴的现象。

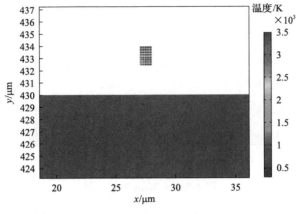

图 4-67　t=0ms 时温度图

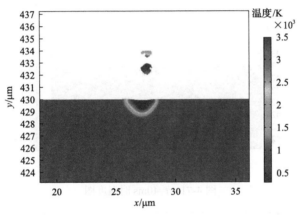

图 4-68　t=10ms 时温度图

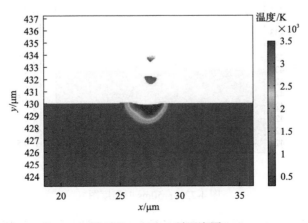

图 4-69　t=20ms 时温度图

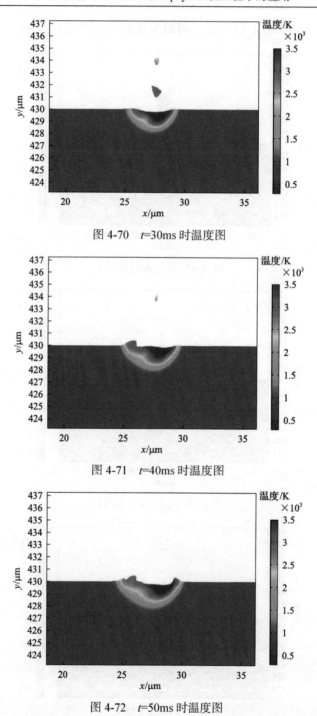

图 4-70 t=30ms 时温度图

图 4-71 t=40ms 时温度图

图 4-72 t=50ms 时温度图

保持以上设置不变，增大激光功率至 2000W，调整热源模型后，能够观察到粉末熔化聚集成液滴的现象，如图 4-73 所示。

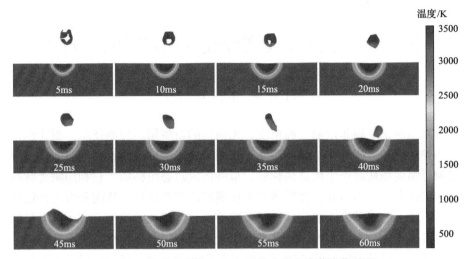

图 4-73 激光功率为 2000W 时粉末熔化滴落演化过程

在不考虑熔池影响的情况下，将粉末最下方距离打印层上表面的高度设置为 4mm，热源选择区域中，在"所有域"选择中将打印层删除。经研究计算能够看到粉末熔化滴落过程中的系带现象。减小激光功率，将激光功率设置为 1200W，激光扫描速度设置为 10mm/s 能够得到系带，如图 4-74 所示。

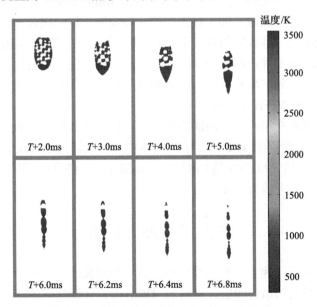

图 4-74 无熔池作用粉末熔化滴落演化过程

第5章 孔洞缺陷激光超声检测仿真分析

5.1 案 例 介 绍

激光超声是一种非接触、高精度、无损伤的新型超声检测技术。激光超声检测的热弹效应基本原理为：脉冲激光束作用于检测物体表面，在其热弹性范围内形成瞬态温度场从而产生局部热膨胀，最终形成瞬态位移场。它利用激光脉冲在被检测工件中激发超声波，并用激光束探测超声波的传播，从而获取工件信息，如工件厚度、内部及表面缺陷、材料参数等。目前该技术的工业应用已经扩展到激光焊接焊缝质量在线监控、风力发电机叶片检测以及各种材料涂层缺陷检测等众多领域，针对其他应用的商用系统也不断发展并走向市场。就目前激光粉末床熔融制造技术的发展而言，由于其自身加工特点，制备的零部件内部或者表面不可避免地会存在一些随机分布的加工缺陷且无法完全消除，零部件内部的孔洞作为应力集中体，导致金属材料裂纹萌生，机械性能降低，所以研究一种准确高效的质量检测和评估的方法对激光粉末床熔融技术的发展有着巨大的实际价值。

本章基于多物理场耦合仿真软件 COMSOL Multiphysics 5.5，使用固体传热、固体力学理论，考虑到激光加工过程中的热弹效应、热固耦合、瞬态热传导，建立含有孔洞缺陷的二维数值仿真模型，对超声波与孔洞缺陷的作用机理进行研究，为激光粉末床熔融零件内部孔洞缺陷的激光超声检测提供理论依据。本章工作依托国家重点研发计划"增材制造与激光制造"重点专项的"金属增材制造在线监测系统"项目(2017YFB1103900)。

本章将向读者介绍一个孔洞缺陷激光超声检测仿真案例，通过本例的学习，读者可以掌握如何使用 COMSOL 中的固体传热和固体力学模块。本例中使用的计算机配置为 12 核@3.0GHz 的 CPU，4×128GB 内存，仿真设置时间总长为 0.016s 时计算机运行时间大约为 11h。

5.2 物 理 模 型

如图 5-1 所示，建立矩形二维模型，其中模型长度×高度为 15mm×5mm。矩形区域是被激光扫描打印层，材料为 Ti6Al4V，孔洞缺陷的圆心与打印层的中心线和上表面距离分别为 1.5mm 和 3mm，激光激励点和检测点的距离为 4mm，计算域的初始温度为 293.15K。

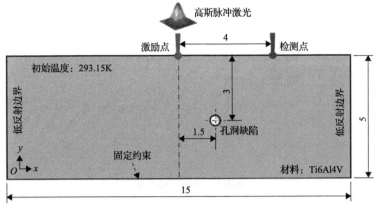

图 5-1　孔洞缺陷激光超声检测仿真模型(单位：mm)

5.3　建立数值模拟模型

基于上述物理模型，建立数值模拟模型。数值模拟模型的构建主要包括模型初始设置、构建几何、全局定义、定义材料、设置固体力学(solid)、设置固体传热(ht)、划分网格、定义多物理场与定义域点探针和域探针等多个步骤。

5.3.1　步骤 1：模型初始设置

1. 打开 COMSOL Multiphysics 软件

双击 COMSOL Multiphysics 软件快捷方式，弹出如图 5-2 所示的新建窗口。

图 5-2　启动 COMSOL Multiphysics

2. 选择空间维度

在图 5-2 所示窗口中，单击"模型向导"按钮，弹出如图 5-3 所示的选择空间维度窗口，单击"二维"按钮。

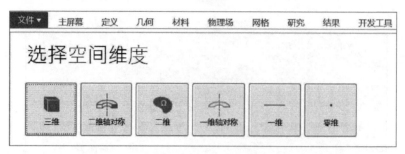

图 5-3　选择空间维度

3. 选择多物理场

在弹出的如图 5-4 所示窗口内，先后选择"结构力学→固体力学(solid)"和"传热→固体传热(ht)"选项，分别单击"添加"按钮完成每个物理场的选择。

4. 添加研究

在选择物理场窗口中，单击右下角"研究"按钮，弹出如图 5-5 所示的选择研究窗口，选择"一般研究→瞬态"选项，单击"完成"按钮。

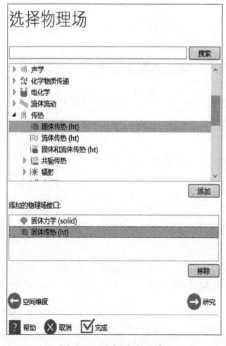

图 5-4　选择多物理场

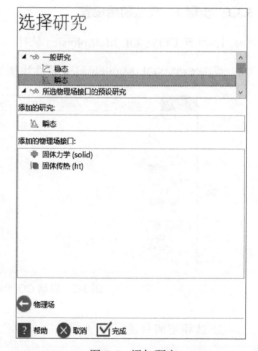

图 5-5　添加研究

5.3.2　步骤 2：构建几何

1. 定义几何单位

在模型开发器窗口中，展开"组件 1(comp1)"选项，单击"几何 1"。参数设置如图 5-6 所示，从"长度单位"下拉列表中选择"mm"选项、"角单位"下拉列表中选择"度"选项。

2. 构建打印层几何

展开"组件 1(comp1)"选项，右击"几何 1"，执行"矩形"命令。参数设置如图 5-7 所示，该矩形代表打印层。

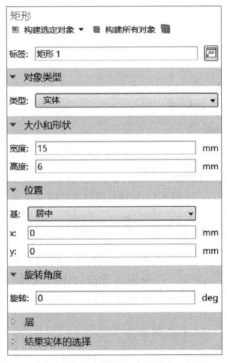

图 5-6　定义几何单位　　　　　　图 5-7　构建打印层几何

3. 构建孔洞缺陷几何

展开"组件 1(comp1)"选项，右击"几何 1"，执行"圆"命令。参数设置如图 5-8 所示，该圆代表孔洞缺陷。

4. 构建激光激励点几何

展开"组件 1(comp1)"选项，右击"几何 1"，执行"布尔操作和分割→分割边"命令。如图 5-9 所示，选择要分割的边 r1-3（上边界），定义相关弧长参数为"0.495"和"0.505"。

 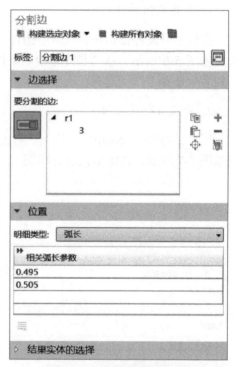

图 5-8　构建孔洞缺陷几何　　　　图 5-9　构建激光激励点几何

5. 定义差集布尔运算

展开"组件 1(comp1)"选项，右击"几何 1"，执行"布尔操作和分割→差集"命令。在差集设置窗口中，选择要添加的对象"pare1"（矩形区域)和要减去的对象"c1"（圆形区域），其余设置如图 5-10 所示。

6. 形成联合体

展开"组件 1(comp1)→几何 1"选项，单击"形成联合体(fin)"，弹出如图 5-11所示的设置窗口，单击窗口上方的"全部构建"按钮，构建如图 5-12 所示的几何模型。

5.3.3　步骤 3：全局定义

在模型开发器窗口中，展开"全局定义"选项，单击"参数 1"。在参数设置窗口中，定义如图 5-13 所示的 4 个全局参数。其中"RG"代表激光的光斑直径，设定为"300[um]"；"P1"代表激光功率，设定为"100[W]"；"t0"代表激光脉冲上升时间，设定为"10[ns]"；"A"代表激光吸收率，设定为"0.48"。

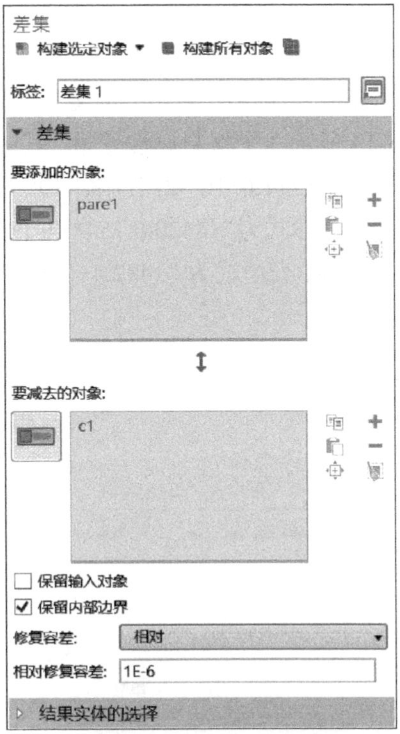

图 5-10　定义差集布尔运算　　　　　　图 5-11　形成联合体

图 5-12　几何模型

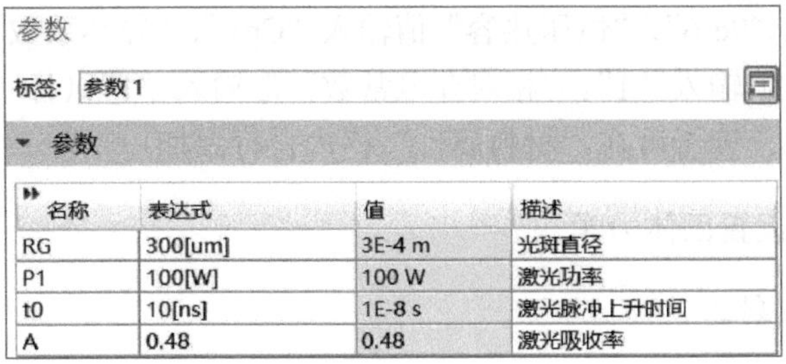

名称	表达式	值	描述
RG	300[um]	3E-4 m	光斑直径
P1	100[W]	100 W	激光功率
t0	10[ns]	1E-8 s	激光脉冲上升时间
A	0.48	0.48	激光吸收率

图 5-13　全局参数

5.3.4　步骤4：定义材料

1. 定义材料属性变量

在模型开发器窗口中，展开"组件1(comp1)"选项，右击"定义"，执行"变量"命令。在变量设置窗口中，定义如图5-14所示3个材料属性变量。其中"K1"为 Ti6Al4V 的导热系数，表达式为"(1.57+1.6*10^-2*T/1[K]-10^-6*T^2/1[K^2])*1[W/m/K]"；"rho1"为 Ti6Al4V 的密度，表达式为"(4420-0.154*(T-298[K]))/1[K]*1[kg/m^3]"；"Cp1"为 Ti6Al4V 的恒压热容，表达式为"(492.4+0.025*T/1[K]-4.18 *10^-6*T^2/1[K^2])*1[J/kg/K]"。

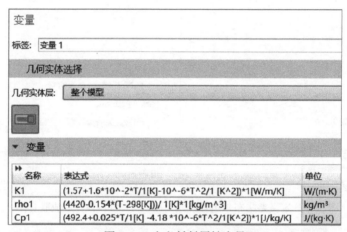

图5-14　定义材料属性变量

2. 定义材料 Ti6Al4V

展开"组件1(comp1)"选项，右击"材料"，执行"空材料"命令，在材料设置窗口中，定义标签为"Ti6Al4V"，从"几何实体层"下拉列表选择"域"选项，并选择"所有域"选项，随后定义如图5-15所示8个材料属性。其中"密度"值输入"rho1"，"杨氏模量"值输入"110e9"，"泊松比"值输入"0.33"，"热膨胀系数"值输入"9e-6"，"恒压热容"值输入"Cp1"，"导热系数"值输入"K1"，"相对磁导率"值输入"1"，"相对介电常数"值输入"1"（若"材料属性明细"栏内无对应词条，读者可在"材料属性"栏内自行添加）。

5.3.5　步骤5：设置固体力学

1. 定义低反射边界

在模型开发器窗口中，展开"组件1(comp1)"选项，右击"固体力学(solid)"，

图 5-15 定义材料 Ti6Al4V

执行"质量、弹簧和阻尼器→低反射边界"命令，在低反射边界设置窗口中，手动选择边界 1、6，其他设置如图 5-16 所示。

2. 定义固定约束

展开"组件 1(comp1)"选项，右击"固体力学(solid)"，执行"固定约束"命令，在固定约束的设置窗口中，手动选择边界 1、2、6(两侧及下边)，其他设置如同 5-17 所示。

5.3.6 步骤 6：设置固体传热

1. 定义解析函数

在模型开发器窗口中，展开"组件 1(comp1)"选项，右击"定义"，执行"函数→解析"命令。在如图 5-18 所示解析设置窗口中，修改标签为"解析 1"；定位到"定义"栏，在"表达式"文本框中输入"exp(-x^2/RG^2)"，在"变元"文本框中输入"x"；定位到"单位"栏，在"变元"文本框中输入"m"，在"函数"文本框中输入"1"；定位到"绘图参数"栏，在"下限"文本框中输入"-5*RG"，

图 5-16　定义低反射边界　　　　　图 5-17　定义固定约束

在"上限"文本框中输入"5*RG"。

同理，打开如图 5-19 所示解析设置窗口。修改标签为"解析 2"；定位到"定义"栏，在"表达式"文本框中输入"t/t0*exp(-t/t0)"，在"变元"文本框中输入"t"；定位到"单位"栏，在"变元"文本框中输入"s"，在"函数"文本框中输入"1"；定位到"绘图参数"栏，在"下限"文本框中输入"0"，在"上限"文本框中输入"10[us]"。

2. 定义沉积光束功率

展开"组件 1(comp1)"选项，右击"固体传热(ht)"，执行"热源→沉积光束功率"命令。在如图 5-20 所示沉积光束功率设置窗口中，在"边界选择"栏手动选择边界 4；在"束流方向"对应的 x、y 文本框中输入"0"、"-1"；从"束剖面"下拉列表中选择"内置束剖面"选项并在"沉积光束功率"文本框中输入"A*P1*an2(t)*an1(x)"，在"束原点"对应的 x、y 文本框中输入"0"、"2.5[mm]"，在"标准差"文本框中输入"0.015[mm]"。

解析

▣ 绘制　▣ 创建绘图

| 标签: | 解析 1 |
| 函数名称: | an1 |

▼ 定义

表达式:　exp(-x^2/RG^2)

变元:　x

导数:　自动

▷ 周期性扩展

▼ 单位

变元:　m

函数:　1

▷ 高级

▼ 绘图参数

变元	下限	上限
x	-5*RG	5*RG

图 5-18　定义解析函数 1

解析

▣ 绘制　▣ 创建绘图

| 标签: | 解析 2 |
| 函数名称: | an2 |

▼ 定义

表达式:　t/t0*exp(-t/t0)

变元:　t

导数:　自动

▷ 周期性扩展

▼ 单位

变元:　s

函数:　1

▷ 高级

▼ 绘图参数

变元	下限	上限
t	0	10[us]

图 5-19　定义解析函数 2

沉积光束功率

标签:　沉积光束功率 1

▼ 边界选择

选择:　手动

4

▷ 替代与共存

▷ 方程

▼ 材料类型

材料类型:

非固体

▼ 束流方向

束流方向:

| e | 0 | x | 1 |
| | -1 | y | |

(a)

▼ 束剖面

束剖面:

内置束剖面

沉积光束功率:

P_0　A*P1*an2(t)*an1(x)　W

束原点:

| o | 0 | x | m |
| | 2.5[mm] | y | |

分布类型:

高斯

$$f(\mathbf{o},\mathbf{e}) = \frac{1}{2\pi\sigma^2}\exp\left(-\frac{d^2}{2\sigma^2}\right), \quad d = \frac{\|\mathbf{e}\times(\mathbf{x}-\mathbf{o})\|}{\|\mathbf{e}\|}$$

标准差:

σ　0.015[mm]　m

(b)

图 5-20　定义沉积光束功率(为同一窗口所截)

5.3.7　步骤 7：划分网格

1. 定义网格大小

在模型开发器窗口中，展开"组件 1(comp1)→网格 1"选项，单击"大小"（若无"大小"，读者可右击"网格 1"创建）。如图 5-21 所示，在大小设置窗口中，在"单元大小"栏，选中"定制"选项；在"单元大小参数"栏，"最大单元大小"文本框中输入"0.05"，"最小单元大小"文本框中输入"4E-6"，"最大单元增长率"文本框中输入"1.2"，"曲率因子"文本框中输入"0.2"，"狭窄区域分辨率"文本框中输入"1"。

2. 定义边

展开"组件 1(comp1)"选项，右击"网格 1"，执行"更多操作→边"命令。如图 5-22 所示，在边设置窗口中，从"几何实体层"下拉列表中选择"边界"选项并手动选择边界 4。

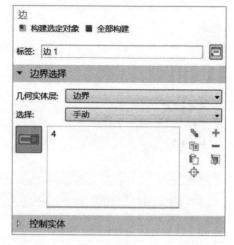

图 5-21　定义网格大小　　　　　　图 5-22　定义边

展开"组件 1(comp1)→网格 1"选项，右击"边 1"，执行"分布"命令。如

图 5-23 所示，在分布设置窗口中，在"分布"栏内"单元数"文本框中输入"120"。

3. 定义自由三角形网格

展开"组件 1(comp1)"选项，右击"网格 1"，执行"自由三角形网格"命令。如图 5-24 所示，在自由三角形网格设置窗口中，从"域选择"栏内"几何实体层"下拉列表中选择"域"选项并手动选择域 1。

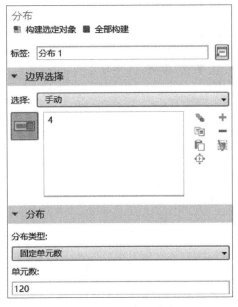

图 5-23　定义分布

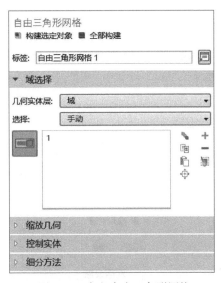

图 5-24　定义自由三角形网格

展开"组件 1(comp1)→网格 1"选项，右击"自由三角形网格 1"，执行"大小"命令。如图 5-25 所示，在大小窗口的"单元大小"栏，选中"定制"选项；在"单元大小参数"栏，"最大单元大小"文本框中输入"0.05"，"最小单元大小"文本框中输入"4E-6"，"最大单元增长率"文本框中输入"1.02"，"曲率因子"文本框中输入"0.2"，"狭窄区域分辨率"文本框中输入"1"。

4. 构建网格

展开"组件 1(comp1)"选项，单击"网格 1"，在网格设置窗口单击"全部构建"按钮，如图 5-26 所示。

5.3.8　步骤 8：定义多物理场

在模型开发器窗口中，展开"组件 1(comp1)"选项，右击"多物理场"，执行"热膨胀"命令。如图 5-27 所示，在热膨胀设置窗口中，从"域选择"栏的"选

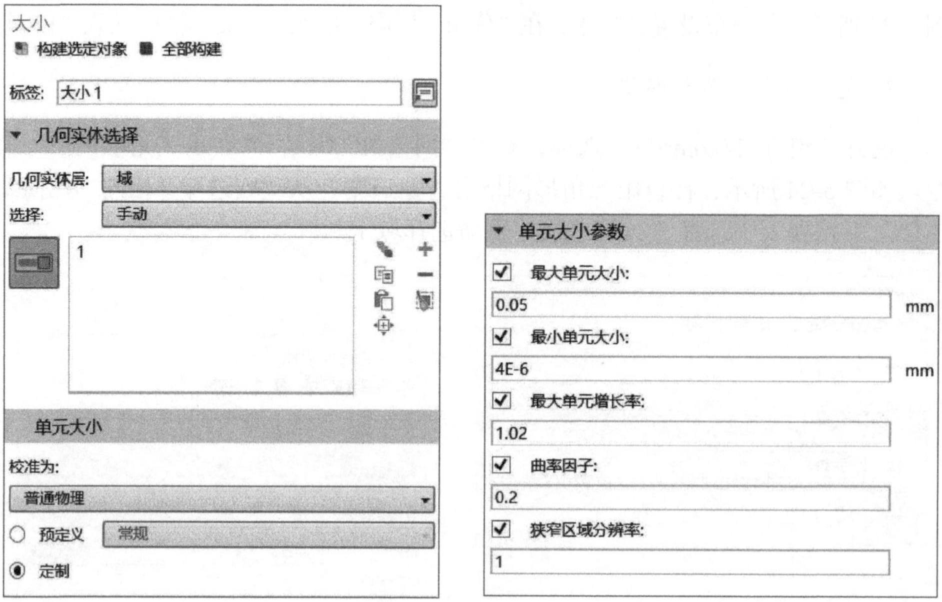

(a)

(b)

图 5-25　大小 1

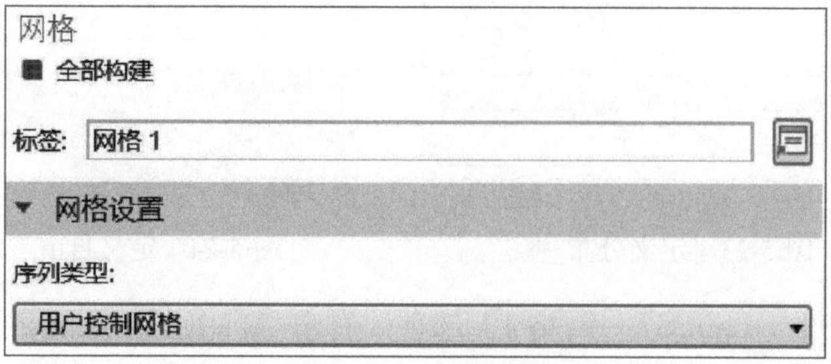

图 5-26　构建网格

择"下拉列表中选择"所有域"选项，在"热膨胀属性"栏的"输入类型"下拉列表中选择"热膨胀的正割系数"选项。

5.3.9　步骤 9：定义域点探针和域探针

1. 定义域探针

在模型开发器窗口中，展开"组件 1（comp1）"选项，右击"定义"，执行"探针→域探针"命令。如图 5-28 所示，在域探针设置窗口中，在"探针类型"栏，从"类型"下拉列表中选择"最大值"选项；在"源选择"栏，从"选择"下拉列表中选择"所有域"选项；在"表达式"栏，单击"表达式"标题栏右侧"替换表达式"按钮，在弹出的对话框中展开"模型→组件 1（comp1）→固体传热→温度→加权平均温度"选项，双击选择"T-温度-K"选项。

图 5-27　定义热膨胀　　　　　　　　图 5-28　定义域探针

重复上述操作步骤，将"类型"下拉列表中的"最大值"改为"最小值"，定义"域探针 2(dom2)"。

2. 定义域点探针

展开"组件 1(comp1)"选项，右击"定义"，执行"探针→域点探针"命令，在域点探针设置窗口中，修改标签为"域点探针-入射"，在"点选择"栏内"坐标"文本框中对应的 x、y 下输入 0、3，勾选"捕捉到最近边界"复选框，如图 5-29 所示。"域点探针-入射"必须在"域探针"上面(读者可右击"域点探针-入射"并执行"上移"命令)。

展开"组件 1(comp1)→定义→域点探针-入射"选项，单击"点探针表达式 1"。设置窗口如图 5-30 所示，单击"表达式"标题栏右侧"替换表达式"按钮，在弹出的对话框中展开"模型→组件 1(comp1)→固体力学→位移→位移场-m"选项，

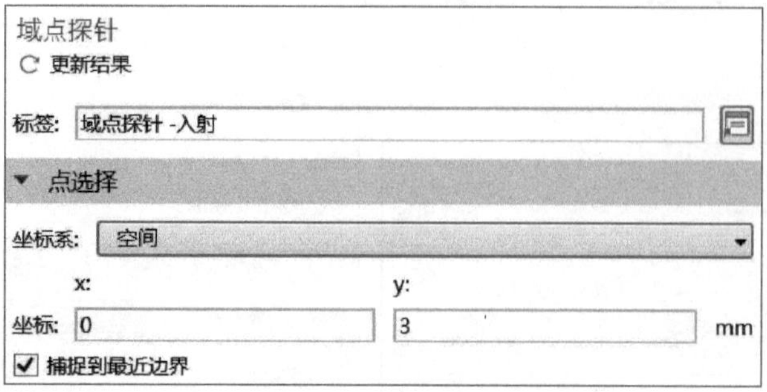

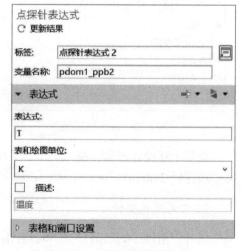

图 5-29　定义域点探针

双击选择"v-位移场, Y 分量"选项并从"表和绘图单位"下拉列表中选择"μm"选项。

　　右击"域点探针-入射",执行"点探针表达式"命令。设置窗口如图 5-31 所示,在"变量名称"文本框中输入"pdom1_ppb2";在"表达式"栏,单击标题栏右侧"替换表达式"按钮,在弹出的对话框中,展开"模型→组件 1(comp1)→固体传热→温度→加权平均温度"选项,双击选择"T-温度-K"选项。

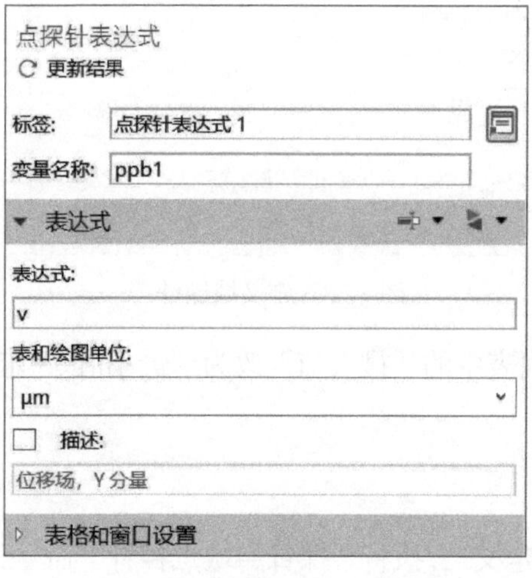

图 5-30　定义点探针表达式 1　　　　　图 5-31　定义点探针表达式 2

　　重复上述操作步骤,定义其他域点探针,在"坐标"文本框中分别输入:$x = 4$, $y = 3$; $x = 6$, $y = 3$; $x = 1$, $y = 2$; $x = 1.5$, $y = 1$; $x = 3$, $y = -1.5$; $x = 3$, $y = -3$; $x = 4$, $y = -3$; $x = 6$, $y = -3$(注意不要忘记勾选"捕捉到最近边界"复选框以及设置"点探针表达式"等步骤)。

5.4　问　题　求　解

5.4.1　步骤 1：设置时间步

在模型开发器窗口中，展开"研究 1"选项，单击"步骤 1：瞬态"，打开如图 5-32 所示瞬态设置窗口。定位到"研究设置"栏，从"时间单位"下拉列表中选择"μs"选项，从"容差"下拉列表中选择"物理场控制"选项；单击"时间步"文本框右侧"范围"按钮，在弹出的对话框中，"起始"文本框中输入"0"，"步长"文本框中输入"0.01"，"停止"文本框中输入"2"，单击"替换"按钮；再次单击"时间步"文本框右侧"范围"按钮，在弹出的范围设置窗口中，"起始"文本框中输入"2"，"步长"文本框中输入"0.01"，"停止"文本框中输入"10"，单击"添加"按钮，完成时间步设置。

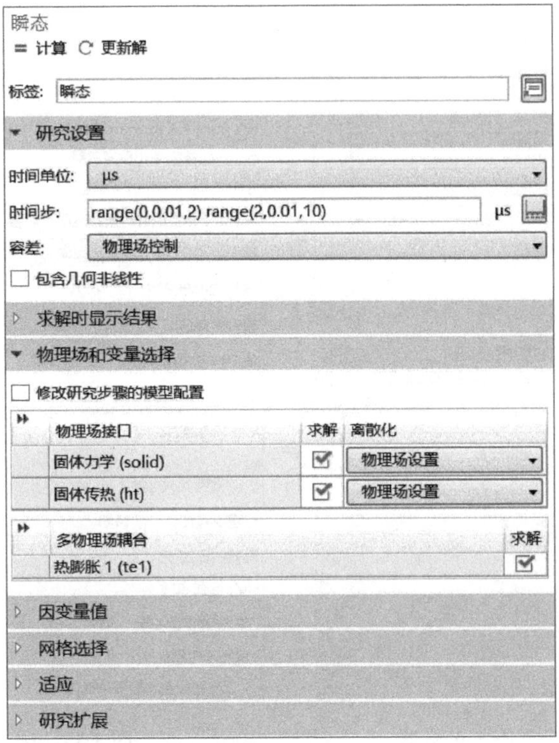

图 5-32　设置时间步

5.4.2　步骤 2：设置求解器配置

展开"研究 1"选项，右击"步骤 1：瞬态"，执行"获取求解步骤的初始值"

命令。随后展开"研究 1→求解器配置→解 1 (sol1)"选项，单击"瞬态求解器 1"。设置窗口如图 5-33 所示，从"时间步进"栏内"方法"下拉列表中选择"向后差分公式"选项，从"求解器采用的步长"下拉列表中选择"精确"选项。

　　右击"瞬态求解器 1"，执行"直接"命令，定义"直接 1"。在直接设置窗口中，从"常规"栏的"求解器"下拉列表中选择"PARDISO"选项，勾选"Bunch-Kaufman 主元"复选框并在"主元扰动"文本框中输入"1E-13"，其余设置如图 5-34 所示。

瞬态求解器	
标签：瞬态求解器 1	
▷ 常规	
▷ 绝对容差	
▼ 时间步进	
方法：	向后差分公式
求解器采用的步长：	精确
初始步长：☐	0.001　μs
最大步长约束：	自动
最大 BDF 阶次：	2
最小 BDF 阶次：	1
事件容差：	0.01
☐ 非线性控制器	
代数变量设置	
奇异质量矩阵：	可能
一致初始化：	向后欧拉法
向后欧拉法初始步长分数：	0.001
误差估计：	排除代数
☐ 初始化后重新缩放	
▷ 求解时显示结果	
▷ 输出	
▷ 高级	
▷ 常数	
▷ 日志	

图 5-33　定义瞬态求解器

直接	
标签：直接 1	
▼ 常规	
求解器：	PARDISO
预排序算法：	自动
调度方法：	自动
☑ 行预排序	
☑ 重用预排序	
☑ Bunch-Kaufman 主元	
☑ 多线程前推和后溯求解	
主元扰动：	1E-13
☑ 用于集群的并行直接稀疏求解器	
核外：	自动
核外的内存分数：	0.99
核内内存法：	自动
最小核内内存 (MB)：	512
总内存使用比例：	0.8
内部内存使用因子：	3
▼ 误差	
检查误差估计：	自动
误差估计因子：	1
☑ 迭代求精	
最大网格细化数：	15
误差率范围：	0.5
☐ 在非线性求解器中使用	

图 5-34　定义直接

　　展开"研究 1→求解器配置→解 1 (sol1)→因变量 1"选项，单击"位移场 (comp1.u)"，在场设置窗口的"缩放"文本框中输入"1e-2*0.015811388300841896"，其余设置如图 5-35 所示。

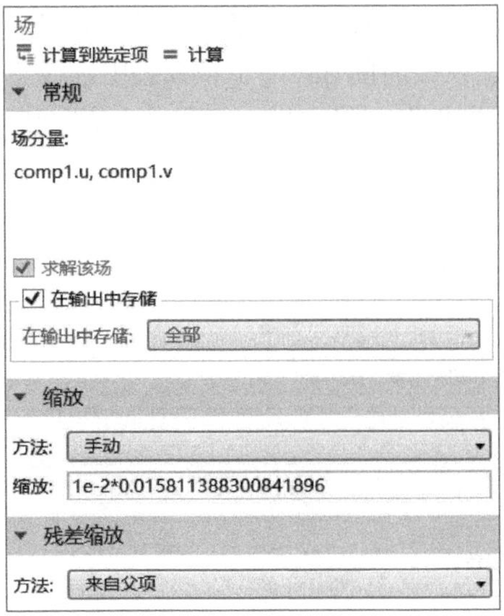

图 5-35　定义位移场

5.4.3　步骤 3：启动计算

在模型开发器窗口中，单击"研究 1"，如图 5-36 所示。单击"=计算"按钮，进行仿真计算。

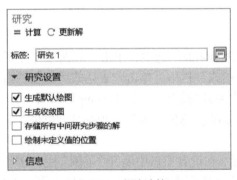

图 5-36　启动计算

5.5　结果后处理

5.5.1　步骤 1：绘制应力云图

1. 选择数据集

在模型开发器窗口中，展开"结果"选项，单击"应力(solid)"。如图 5-37

所示，在二维绘图组设置窗口中，从"数据"栏的"数据集"下拉列表中选择"研究 1/解 1(sol1)"选项，从"时间(μs)"下拉列表中选择"1.31"选项。在"颜色图例"栏，勾选"显示图例"、"显示最大值和最小值"和"显示单位"复选框。

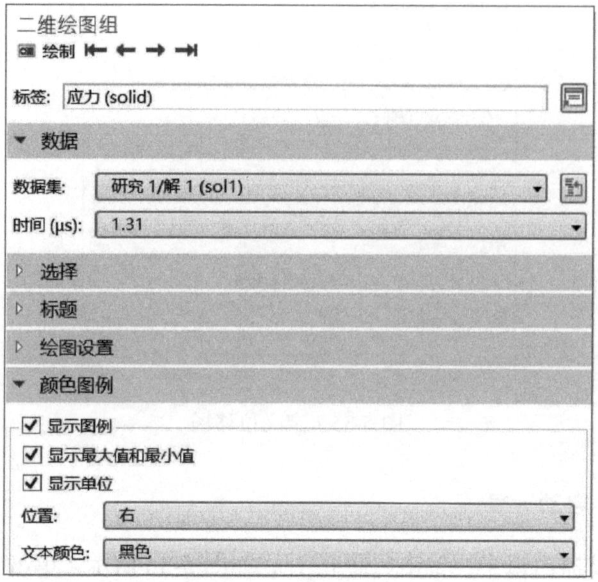

图 5-37　选择数据集

2. 定义表面

展开"结果→应力(solid)"选项，单击"表面 1"，弹出如图 5-38(a)所示表面设置窗口。在"表达式"栏中，单击"表达式"标题栏右侧"替换表达式"按钮，在弹出的对话框中展开"模型→组件 1(comp1)→固体力学→位移→位移旋度"选项，双击选择"solid.disp-总位移-m"选项并从"单位"下拉列表中选择"mm"选项。

如图 5-38(b)所示，在设置窗口中展开"范围"栏，勾选"手动控制颜色范围"复选框，在"最小值"文本框中输入"0"，在"最大值"文本框中输入"2.5E-7"；在"着色和样式"栏，从"颜色表"下拉列表中选择"Rainbow"选项并勾选"颜色图例"复选框。

展开"结果→应力→表面 1"选项，单击"变形"。如图 5-39 所示，在变形设置窗口中，在"表达式"栏的"X 分量"文本框中输入"25"，在"Y 分量"文本框中输入"0"；在"缩放"栏，勾选"比例因子"复选框并在"比例因子"文本框中输入"1"。

表面

回 绘制 |← ← → →|

标签：表面 1

▼ 数据

数据集：来自父项

▼ 表达式

表达式：

solid.disp

单位：

mm

☐ 描述：

总位移

参数

名称	值	单位	描述
solid.refpntx	0	m	力矩计算参考点 x 坐标
solid.refpnty	0	m	力矩计算参考点 y 坐标
solid.refpntz	0	m	力矩计算参考点 z 坐标

▷ 标题

(a)

▼ 范围

☑ 手动控制颜色范围

最小值：0

最大值：2.5E-7

☐ 手动控制数据范围

最小值：0

最大值：3.17643E-6

▼ 着色和样式

着色：颜色表

颜色表：Rainbow

☑ 颜色图例

☐ 颜色表反序

☐ 对称颜色范围

☐ 线框

▷ 质量

▷ 继承样式

(b)

图 5-38　定义表面

变形

回 绘制

标签：变形

▼ 表达式

X 分量：

25

Y 分量：

0

☐ 描述：

▷ 标题

▼ 缩放

比例因子：☑ 1

▷ 高级

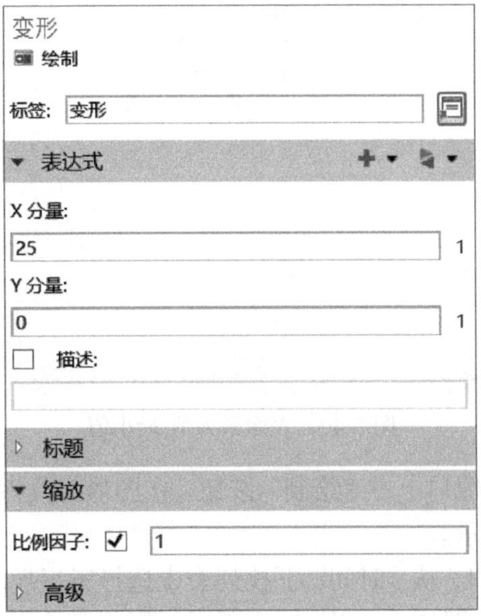

图 5-39　定义变形

3. 表面最大值/最小值

展开"结果"选项，右击"应力(solid)"，执行"更多绘图→表面最大值/最小值"命令，打开如图 5-40 所示设置窗口。单击"表达式"标题栏右侧"替换表达式"按钮，在弹出的对话框中展开"模型→组件 1(comp1)→固体传热→温度→加权平均温度"选项，双击选择"T-温度-K"选项并从"单位"下拉列表中选择"degC"选项。

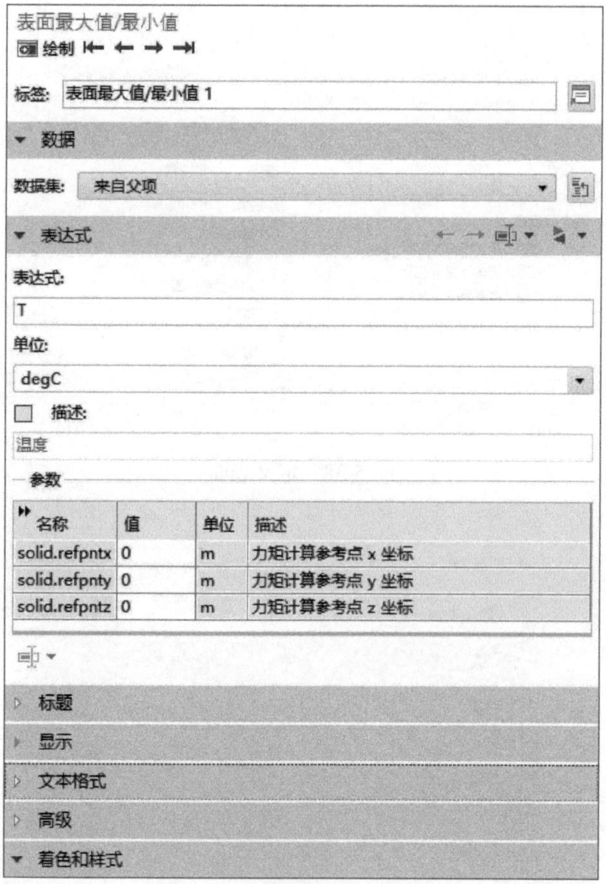

图 5-40　表面最大值/最小值

单击图 5-40 所示窗口上方"绘制"按钮，在图形工具栏中获得 1.31μs 时的应力云图，如图 5-41 所示。

返回应力设置窗口，从"时间"下拉列表中选择感兴趣的时刻，例如观察 0～2.8μs 时的应力图，如图 5-42～图 5-46 所示。激光超声与孔洞缺陷作用过程如图 5-47 所示。

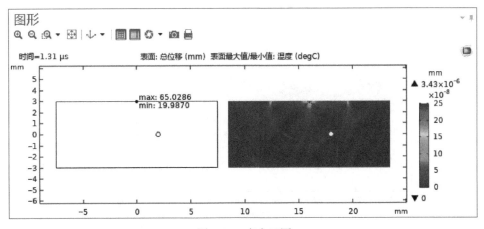

图 5-41　应力云图

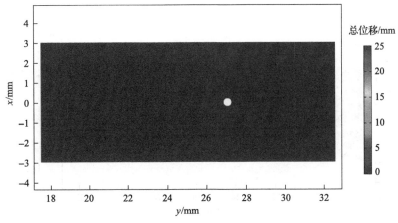

图 5-42　$t=0\mu s$ 时应力图

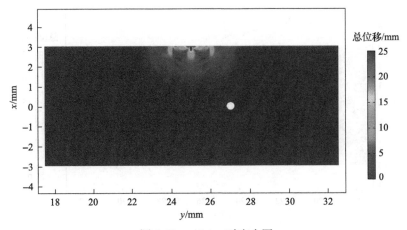

图 5-43　$t=0.4\mu s$ 时应力图

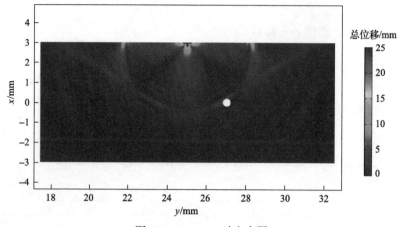

图 5-44　*t*=1.2μs 时应力图

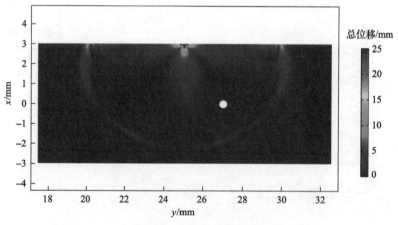

图 5-45　*t*=1.8μs 时应力图

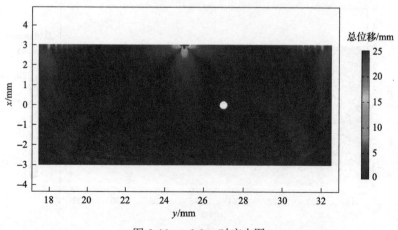

图 5-46　*t*=2.8μs 时应力图

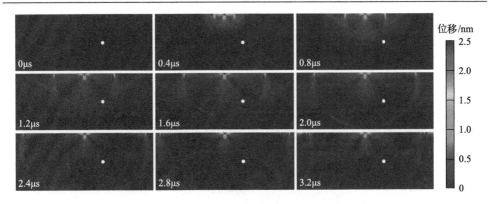

图 5-47　激光超声与孔洞缺陷作用过程

5.5.2　步骤 2：绘制探针图

在模型开发器窗口中，展开"结果→探针绘图组 4"选项，单击"探针表图 1"。如图 5-48 所示，在探针表图设置窗口中，从"列"列表框中选择"温度（K），域探针 1"选项并单击上方"绘制"按钮，绘制激发点温度变化图，如图 5-49 所示。

同样，从"列"列表框中选择"位移场，Y 分量(μm)，点：(6, 3)"选项，单击上方"绘制"按钮，绘制检测点位移分布图，如图 5-50 所示。

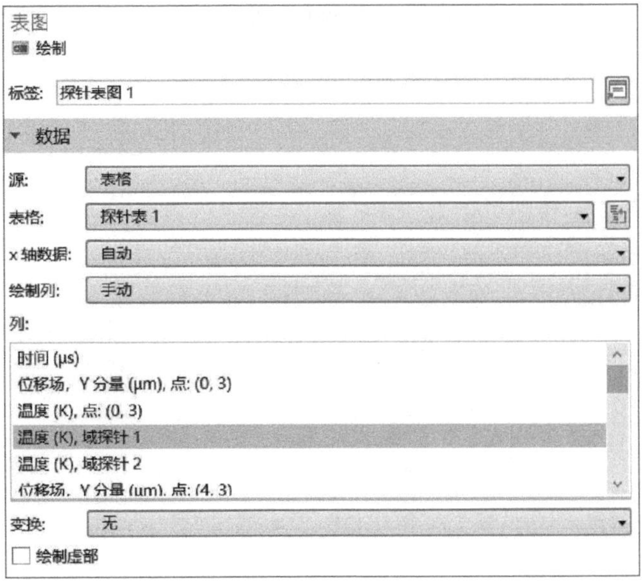

图 5-48　探针表图 1

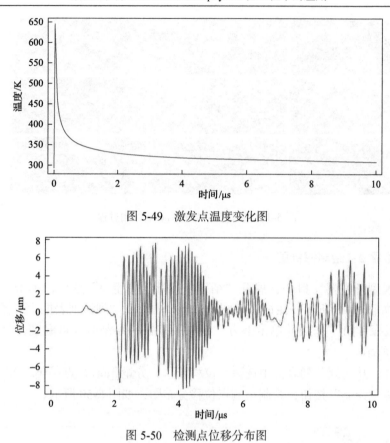

图 5-49　激发点温度变化图

图 5-50　检测点位移分布图

第6章 柔性 PCB 蚀刻工艺仿真分析

6.1 案 例 介 绍

柔性印制电路板(printed circuit board, PCB)是以聚酰亚胺或聚酯薄膜为基材制成的具有高度可靠性与可挠性的印制电路板，具有配线密度高、重量轻、厚度薄、可弯曲且灵活度高等特点，已广泛应用于智能手机、汽车、可穿戴式设备等终端消费领域。柔性 PCB 的生产工序一般为冲孔、涂布、曝光、显影、蚀刻、退膜、化锡、自动光学检测、油墨印刷、分切、电路检测与最终清洗包装。其中湿法蚀刻工艺是把未被光刻胶掩蔽的铜薄膜层除去，从而在铜薄膜上得到与光刻胶膜上完全相同图形的工艺。作为柔性 PCB 制造的关键工艺之一，蚀刻工艺过程决定了柔性 PCB 成品线路的线宽、线距等关键参数，进而也对产品的良品率有显著影响。随着计算机技术的发展，数值模拟方法越来越多地应用于蚀刻工艺过程的研究，不仅节省了大量的时间与资金成本，而且可以拓展到蚀刻工艺的机理问题。

本章基于多物理场耦合仿真软件 COMSOL Multiphysics 5.5，结合化学、流体等物理场耦合以及有限元分析方法，研究柔性 PCB 蚀刻工艺制造过程中的化学反应变化过程及其蚀刻腔轮廓变化规律。采用纳维-斯托克斯方程分析蚀刻腔流场速度、压力变化规律，利用对流-扩散方程分析蚀刻腔中的蚀刻液浓度演化规律，结合边界通量方程模拟蚀刻表面化学反应，建立移动边界条件研究蚀刻腔形状演化。利用应用物理场控制网格及自动网格重新划分方法，保证仿真计算精度。通过管控蚀刻液浓度、喷淋场速度以及蚀刻时间等相关工艺参数，调整线距、掩膜预设尺寸等相关结构参数，从而定量分析蚀刻工艺制造过程中环境、材料、结构及工艺参数等对产品微观形貌的影响机制，实现产品蚀刻加工过程的仿真模拟[6]。本章工作依托于国家重点研发计划"网络协同制造和智能工厂"重点专项的"基于工艺过程多场建模仿真的电子产品大批量高速高精密智能制造产线集成技术"项目(2019YFB1704600)。

本章将向读者介绍一个柔性 PCB 蚀刻工艺仿真分析的案例，通过本案例的学习，读者可以掌握如何使用 COMSOL 稀物质传递、层流以及变形几何等模块。本例中使用的计算机配置为 4 核@3.20GHz 的 CPU，2×8GB 内存，完整计算大约需 10min。

6.2　物　理　模　型

　　图 6-1 为蚀刻工艺仿真二维模型。选取光刻胶层之间的局部区域作为研究目标区，建立形状为 "T" 的仿真模型，其中实线部分为计算域，用于模拟蚀刻腔轮廓变化；虚线部分为柔性 PCB 结构中的光刻胶区域与铜层区域，几何建模中不再构建。计算域 "T" 形结构中，上部宽 10μm，下部宽 8μm，两部分高度均为 2μm，材料为 CuCl₂ 溶液，初始浓度为 0mol/L；计算域上部边界为 CuCl₂ 溶液入口边界，上部左右边界设置为压力出口边界，数值为 0Pa；计算域下部边界均设置为固定壁条件。

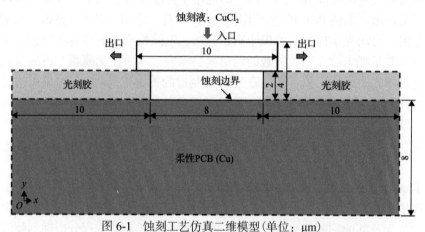

图 6-1　蚀刻工艺仿真二维模型(单位：μm)

6.3　建立数值模拟模型

　　基于上述的物理模型，建立数值模拟模型。数值模拟模型建立过程主要包括模型初始设置、全局定义、构建几何、添加材料、定义稀物质传递、定义层流、定义变形几何、划分网格。

6.3.1　步骤 1：模型初始设置

1. 打开 COMSOL Multiphysics 5.5 软件

双击 COMSOL Multiphysics 软件快捷方式，弹出如图 6-2 所示的新建窗口。

2. 选择空间维度

单击 "模型向导" 按钮，新建模型，弹出如图 6-3 所示的选择空间维度窗口。单击 "二维" 按钮。

图 6-2 启动 COMSOL Multiphysics 5.5

图 6-3 选择空间维度

3. 选择多物理场

在弹出的如图 6-4 所示的选择物理场窗口中，选择"化学物质传递→稀物质

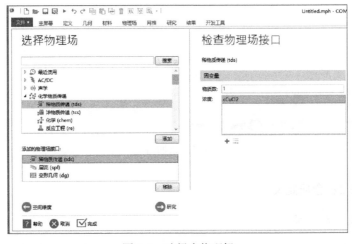

图 6-4 选择多物理场

传递(tds)"选项,单击"添加"按钮,并在"浓度"文本框中输入"cCuCl2";选择"数学→变形网格→变形几何(dg)"选项,单击"添加"按钮;选择"流体流动→单相流→层流(spf)"选项,单击"添加"按钮。

4. 添加研究

在选择物理场窗口右下角单击"研究"按钮,弹出如图 6-5 所示的选择研究窗口,选择"一般研究→瞬态"选项,单击"完成"按钮。

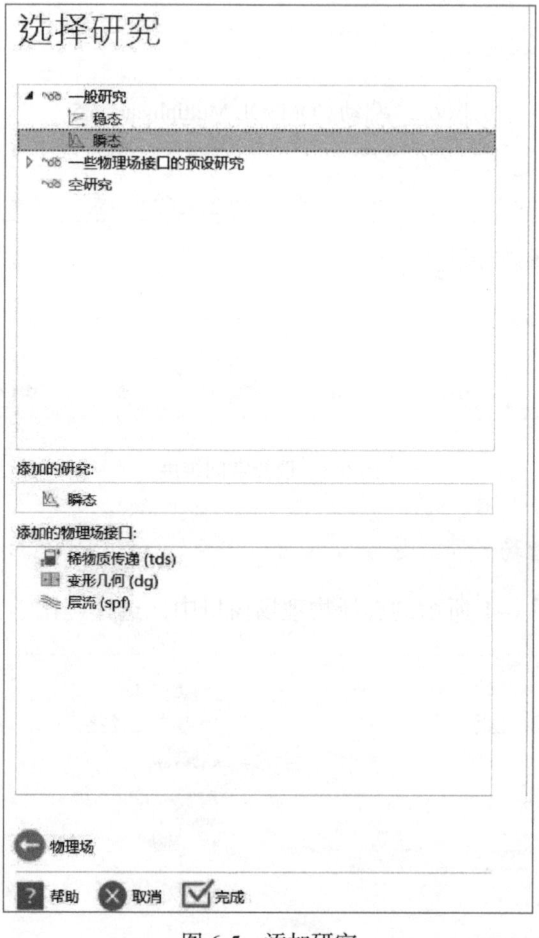

图 6-5 添加研究

6.3.2 步骤 2: 全局定义

1. 定义全局参数

在模型开发器窗口中,展开"全局定义→参数 1"选项。在参数设置窗口中,依次输入图 6-6 中所示参数信息。其中"cCuCl2_bulk"代表 $CuCl_2$ 溶液浓度，设定为"0.45[mol/dm^3]"；"kf"代表蚀刻反应速率常数，设定为"2.089e-5[m/s]"；"M_Cu"代表铜的摩尔质量，设定为"63.55[g/mol]"；"rho_Cu"代表铜的密度，设定为"8960[kg/m^3]"；"D"代表反应物扩散系数，设定为"7.27e-10[m^2/s]"；"a"代表各向异性系数，设定为"0.2"。

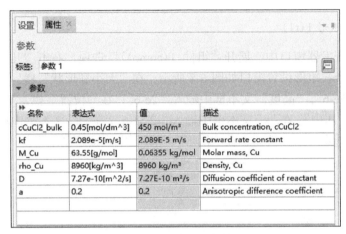

图 6-6 定义全局参数

2. 定义变量

展开"组件 1（comp1）"选项，右击"定义"，执行"变量"命令。在变量设置窗口"变量"栏，输入如图 6-7 所示变量。其中"R_L"代表水平方向蚀刻表

图 6-7 定义变量

面反应物通量，设定为 "-kf*cCuCl2*a"；"V_L" 代表水平方向蚀刻表面蚀刻速度，设定为 "-R_L*M_Cu/rho_Cu"；"R_V" 代表垂直方向蚀刻表面反应物通量，设定为 " -kf*cCuCl2"； V_V" 代表垂直方向蚀刻表面蚀刻速度，设定为 "-R_V*M_Cu/rho_Cu"。

6.3.3 步骤 3：构建几何

1. 构建矩形 1(r1)

在模型开发器窗口中，展开 "组件 1(comp1)" 选项，右击 "几何 1"，执行 "矩形" 命令。矩形设置窗口如图 6-8 所示，在 "大小和形状" 栏，"宽度" 文本框中输入 "5e-6"，"高度" 文本框中输入 "2e-6"；在 "位置" 栏，从 "基" 下拉列表中选择 "居中"，在 "x" 文本框中输入 "-2.5e-6"，在 "y" 文本框中输入 "3e-6"。单击 "构建选定对象" 按钮，在 "图形" 工具栏中观察绘制结果。

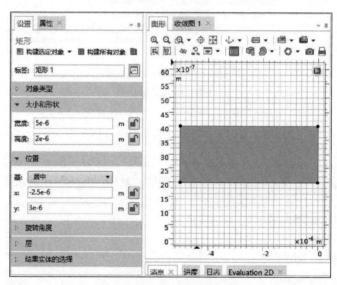

图 6-8　构建矩形 1

2. 构建矩形 2(r2)

展开 "组件 1(comp1)" 选项，右击 "几何 1"，执行 "矩形" 命令。矩形设置窗口如图 6-9 所示，在 "大小和形状" 栏，"宽度" 文本框中输入 "4e-6"，"高度" 文本框中输入 "2e-6"；在 "位置" 栏，从 "基" 下拉列表中选择 "居中"，"x" 文本框中输入 "-2e-6"，"y" 文本框中输入 "1e-6"。单击 "构建选定对象" 按钮，在 "图形" 工具栏中观察绘制结果。

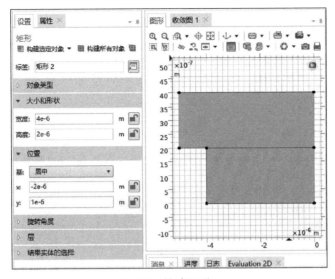

图 6-9　构建矩形 2

3. 构建矩形 3(r3)

展开"组件 1(comp1)"选项，右击"几何 1"，执行"矩形"命令。矩形设置窗口如图 6-10 所示，在"大小和形状"栏，"宽度"文本框中输入"4.1e-6"，"高度"文本框中输入"0.1e-6"；在"位置"栏，从"基"下拉列表中选择"居中"，"x"文本框中输入"-2.05e-6"，"y"文本框中输入"-0.05e-6"。单击"构建选定对象"按钮，在"图形"工具栏中观察绘制结果。

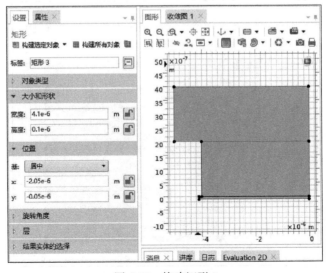

图 6-10　构建矩形 3

4. 构建圆角（fil1）

展开"组件 1(comp1)"选项，右击"几何 1"，执行"圆角"命令。圆角设置窗口如图 6-11 所示，在"点"栏，选择对象矩形 r3 的点 1；在"半径"栏中的文本框输入"0.05e-6"。

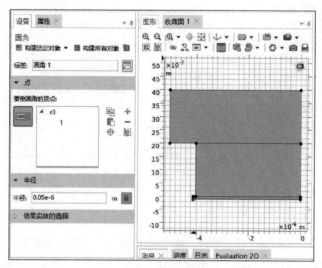

图 6-11　构建圆角

最后，在圆角设置窗口中，单击"构建所有对象"按钮，完成几何构建，在"图形"工具栏中观察绘制结果，如图 6-12 所示。

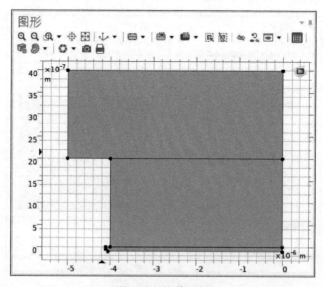

图 6-12　构建几何

6.3.4　步骤 4：添加材料

在模型开发器窗口中，右击"材料"，执行"从库中添加材料"命令，在主屏幕右侧弹出如图 6-13 所示的添加材料窗口。在模型树中展开"内置材料→Water, liquid"选项，单击"添加到组件"按钮，然后单击"关闭"按钮，完成材料添加。

图 6-13　添加材料

6.3.5　步骤 5：定义稀物质传递

1. 定义传递属性

在模型开发器窗口中，展开"组件 1(comp1)→稀物质传递(tds)→传递属性 1"选项。设置窗口如图 6-14 所示，在"对流"栏，从"u"下拉列表中选择"速度场(spf)"；在"扩散"栏的"扩散系数 D_{cCuCl2}"文本框中，输入"D"。

2. 定义浓度

展开"组件 1(comp1)"选项，右击"稀物质传递(tds)"，执行"浓度"命令。设置窗口如图 6-15 所示，在"边界选择"栏，选择边界 3；在"浓度"栏，勾选"物质'cCuCl2'"复选框，在"$c_{0,cCuCl2}$"文本框中输入"cCuCl2_bulk"。

3. 定义流出

同样，右击"稀物质传递(tds)"，执行"流出"命令。设置窗口如图 6-16 所

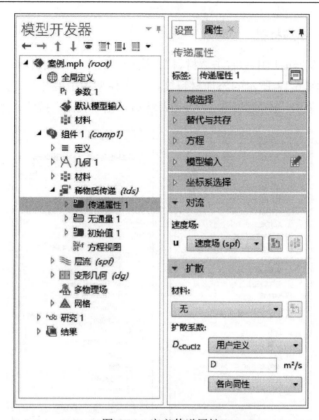

图 6-14　定义传递属性

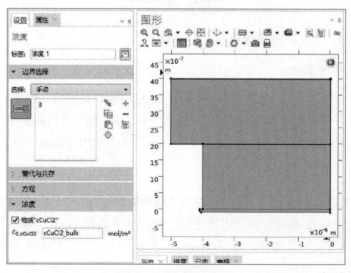

图 6-15　定义浓度

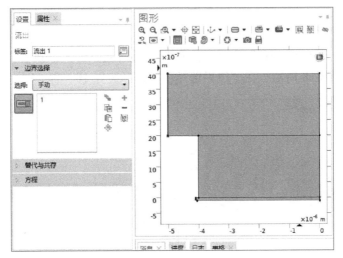

图 6-16　定义流出

示，在"边界选择"栏中选择边界 1。

4. 定义通量

展开"组件 1（comp1）"选项，右击"稀物质传递（tds）"，执行"通量"命令。设置窗口如图 6-17 所示，在"边界选择"栏，选择边界 4、6、13；在"向内通量"栏，勾选"物质'cCuCl2'"复选框，在"$J_{0,cCuCl2}$"文本框中输入"-R_L*dnx-R_V*dny"。

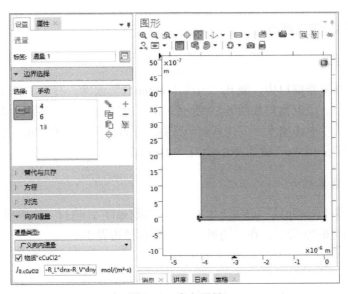

图 6-17　定义通量

5. 定义对称

展开"组件 1(comp1)"选项，右击"稀物质传递(tds)"，执行"对称"命令。设置窗口如图 6-18 所示，在"边界选择"栏选择边界 10、11、12"。

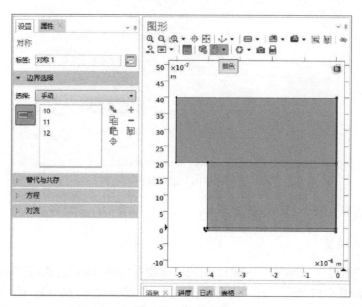

图 6-18　定义对称

6.3.6　步骤 6：定义层流

1. 定义壁

在模型开发器窗口中，展开"组件 1(comp1)"选项，右击"层流(spf)"，执行"壁"命令。设置窗口如图 6-19 所示，在"边界选择"栏选择边界 3；在"壁移动"栏，从"平移速度"下拉列表中选择"手动"选项，在"u_{tr}"下"x"文本框中输入"0"，在"y"文本框中输入"-1[m/s]"。

2. 定义边界应力

在"组件 1(comp1)"选项下，右击"层流(spf)"，执行"边界应力"命令。设置窗口如图 6-20 所示，在"边界选择"栏选择边界 1。

3. 定义对称

在"组件 1(comp1)"选项下，右击"层流(spf)"，执行"对称"命令。设置窗口同图 6-18 一致，在"边界选择"栏选择边界 10、11、12。

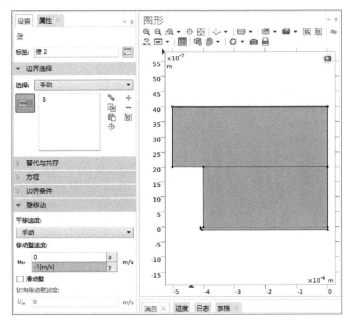

图 6-19　定义壁

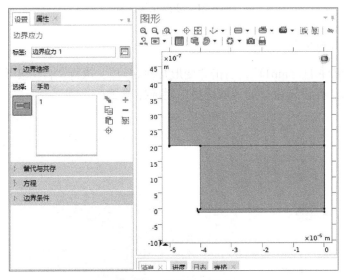

图 6-20　定义边界应力

6.3.7　步骤 7：定义变形几何

1. 变形几何设置

在模型开发器窗口中，展开"组件 1（comp1）→变形几何（dg）"选项。如图 6-21

所示，在变形几何设置窗口的"坐标系设置"栏，从"几何形函数阶次"下拉列表中选择"1"选项；在"自由变形设置"栏，从"网格平滑类型"下拉列表中选择"超弹性"选项。

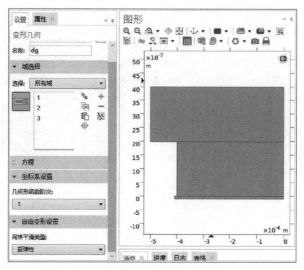

图 6-21　变形几何设置

2. 定义自由变形

展开"组件 1(comp1)"，右击"变形几何(dg)"，执行"自由变形"命令。如图 6-22 所示，在设置窗口的"域选择"栏选择域 2。

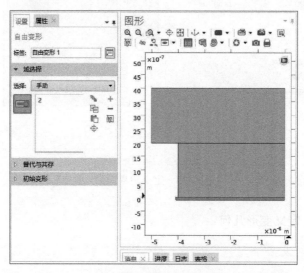

图 6-22　定义自由变形

3. 定义零法向网格位移

同样，在"组件 1(comp1)"下，右击"变形几何(dg)"，执行"零法向网格位移"命令。设置窗口如图 6-23 所示，在"边界选择"栏选择边界 5、10。

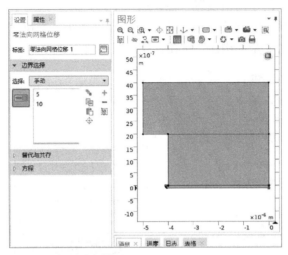

图 6-23　定义零法向网格位移

4. 定义指定网格速度

在"组件 1(comp1)"下，右击"变形几何(dg)"，执行"指定网格速度"命令。设置窗口如图 6-24 所示，在"边界选择"栏选择边界 4、6、13；在"指定网

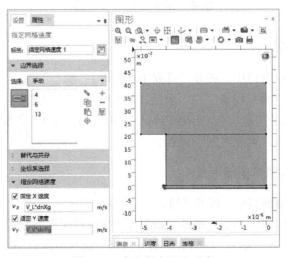

图 6-24　定义指定网格速度

格速度"栏,"V_X"文本框中输入"V_L*dnXg","V_Y"文本框中输入"V_V*dnYg"。

6.3.8　步骤 8:划分网格

在模型开发器窗口中,展开"组件 1(comp1)→网格→网格 1"选项。如图 6-25 所示,在设置窗口的"网格设置"栏,从"序列类型"下拉列表中选择"物理场控制网格";在"物理场控制网格"栏,从"单元大小"下拉列表中选择"常规"选项。最后,单击"全部构建"按钮,完成网格划分。

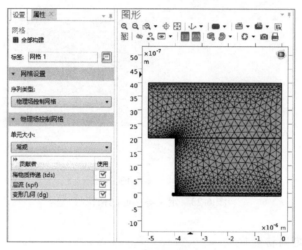

图 6-25　划分网格

6.4　问　题　求　解

6.4.1　步骤 1:设置时间步

在模型开发器窗口中,展开"研究 1→步骤 1:瞬态"选项。如图 6-26 所示,在瞬态设置窗口"研究设置"栏,单击"时间步"文本框右侧"范围"图标,弹出范围设置窗口,在"步长"文本框中输入"0.01",在"停止"文本框中输入"120",单击"替换"按钮,完成时间步设置。

6.4.2　步骤 2:设置求解器配置

在模型开发器窗口中,展开"研究 1"选项,右击"步骤 1:瞬态",执行"获取求解步骤的初始值"命令。展开"研究 1→求解器配置→解 1(sol1)"选项,右击"瞬态求解器 1",执行"自动重新划分网格"命令。在自动重新划分网格设置

图 6-26　设置时间步

窗口的"用于重新划分网格的条件"栏，从"条件类型"下拉列表中选择"失真"选项，在"超出失真范围时停止"文本框中输入"1"，如图 6-27 所示。

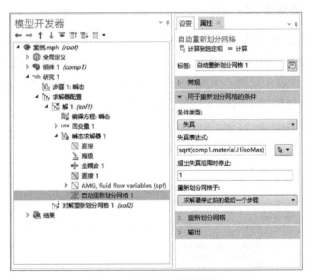

图 6-27　设置求解器配置

6.4.3　步骤 3：启动计算

在模型开发器窗口中，展开"研究 1"选项，如图 6-28 所示，在研究设置窗口单击"=计算"按钮，开始计算。

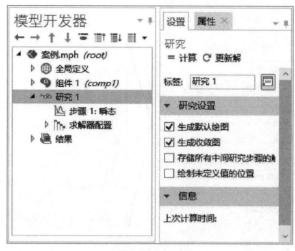

图 6-28　启动计算

6.5　结果后处理

6.5.1　步骤 1：数据集二维镜像

在模型开发器窗口中，展开"结果"选项，右击"数据集"，执行"更多二维数据集→二维镜像"命令。二维镜像设置窗口如图 6-29 所示，在"数据"栏，从"数据集"下拉列表中选择"研究 1/对解重新划分网格 1 (sol2)"选项；在"高级"栏，勾选"移除对称轴上的单元"复选框。单击"绘制"按钮，在"图形"工具栏中观察绘制结果。

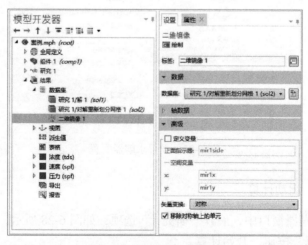

图 6-29　数据集二维镜像

6.5.2　步骤 2：绘制蚀刻液浓度分布云图

1. 选择数据集

在模型开发器窗口中，展开"结果→浓度(tds)"选项。

如图 6-30 所示，在设置窗口"数据"栏，从"数据集"下拉列表中选择"二维镜像 1"选项，从"时间(s)"下拉列表中选择"120"。接着单击"表面 1"，在设置窗口"表达式"栏的"单位"文本框中输入"mol/dm^3"。

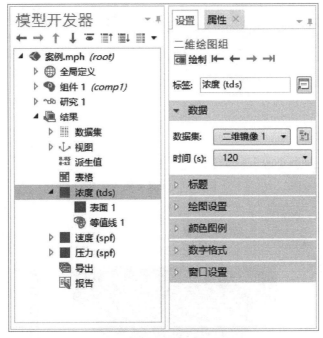

图 6-30　选择数据集

2. 定义等值线

展开"结果→浓度(tds)"选项，右击"流线 1"，执行"删除"命令。

右击"浓度(tds)"，执行"等值线"命令。如图 6-31 所示，在等值线设置窗口的"表达式"栏，"单位"文本框中输入"mol/dm^3"；在"着色和样式"栏，勾选"级别标签"复选框，在"精度"文本框中输入"2"；从"颜色表"下拉列表中选择"GrayScale"选项，并取消勾选"颜色图例"复选框。

单击"绘制"按钮，在"图形"工具栏中获得 120s 时蚀刻液浓度分布云图，如图 6-32 所示。

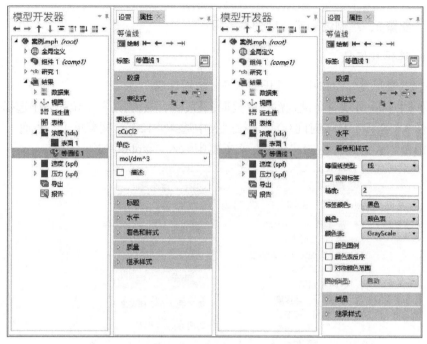

图 6-31　定义等值线

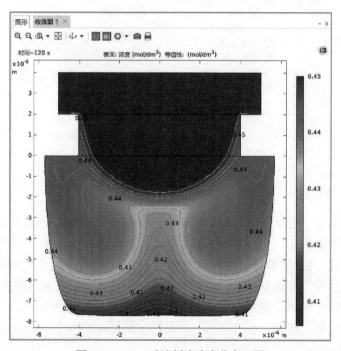

图 6-32　120s 时蚀刻液浓度分布云图

6.5.3　步骤 3：绘制蚀刻液流场分布云图

1. 选择数据集

在模型开发器窗口中，展开"结果→速度(spf)"选项。如图 6-33 所示，在设置窗口的"数据"栏，从"数据集"下拉列表中选择"二维镜像 1"选项，从"时间(s)"下拉列表中选择"120"。

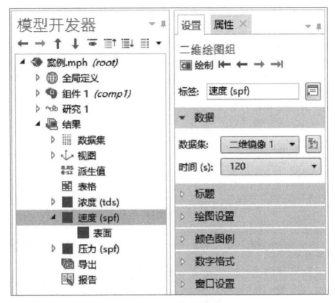

图 6-33　选择数据集

2. 定义流线

展开"结果"选项，右击"速度(spf)"，执行"流线"命令。

如图 6-34 所示，在设置窗口"表达式"栏，单击标题栏右侧"替换表达式"按钮，弹出"表达式选择"对话框，展开"模型→组件 1→层流→速度和压力"选项，双击选择"u，v-速度场(空间和材料坐标系)"选项。

如图 6-35 所示，在"流线定位"栏，从"定位"下拉列表中选择"均匀密度"选项，并在"间隔距离"文本框中输入"0.02"。在"着色和样式"栏，从"点样式"的"类型"下拉列表中选择"箭头"选项；勾选"比例因子"复选框，并在"比例因子"文本框中输入"3E-7"；从"颜色"下拉列表中选择"青色"选项。

单击"绘制"按钮，在"图形"工具栏中获得 120s 时蚀刻液流场分布云图，如图 6-36 所示。

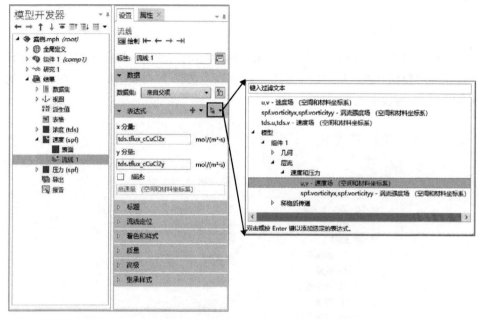

图 6-34 替换表达式

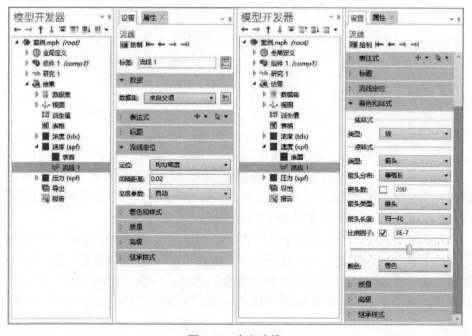

图 6-35 定义流线

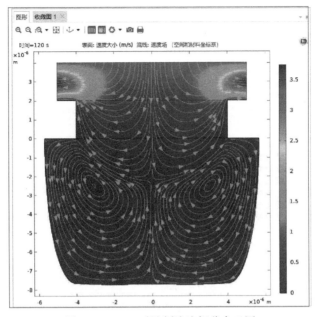

图 6-36　120s 时蚀刻液流场分布云图

6.5.4　步骤 4：绘制蚀刻腔轮廓位置图

1. 定义蚀刻腔轮廓图

在模型开发器窗口中，右击"结果"，执行"一维绘图组"命令。如图 6-37 所示，在一维绘图组设置窗口中，将标签修改为"蚀刻腔轮廓图"，在"数据"栏，从"数据集"下拉列表中选择"研究 1/对解重新划分网格 1（sol2）"选项，从"时间选择"下拉列表中选择"来自列表"选项，从"时间步（s）"下拉列表中选择"120"。

2. 定义线图

展开"结果"选项，右击"蚀刻腔轮廓图"，执行"线图"命令。如图 6-38 所示，在线图设置窗口中，在"选择"栏选择边界 4、6、13。

3. 定义坐标轴数据

在线图设置窗口"y 轴数据"栏，单击标题栏右侧"替换表达式"图标，弹出"表达式选择"对话框，如图 6-39 所示，展开"模型→组件 1→几何→坐标（空间和材料坐标系）"选项，双击选择"y-y 坐标"选项。同理，在线图设置窗口中的"x 轴数据"栏，单击标题栏右侧"替换表达式"图标，弹出"表达式选择"对话框，展开"模型→组件 1→几何→坐标（空间和材料坐标系）"选项，双击选择"x-x 坐标"选项。

图 6-37 定义蚀刻腔轮廓图

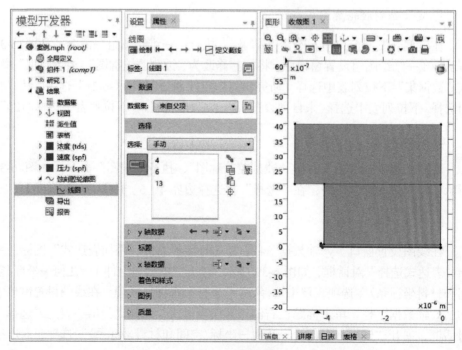

图 6-38 定义线图

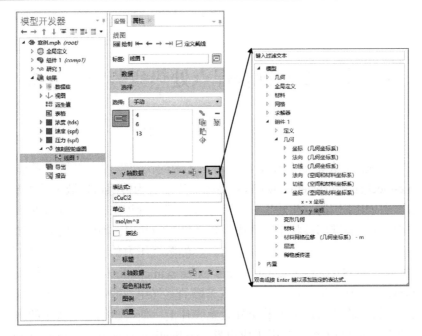

图 6-39　定义坐标轴数据

单击"绘制"按钮，在"图形"工具栏中获得 120s 时蚀刻腔轮廓位置图，如图 6-40 所示。

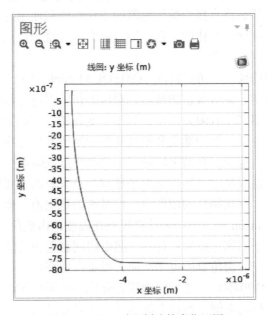

图 6-40　120s 时蚀刻腔轮廓位置图

第7章　金丝键合焊点处热疲劳仿真分析

7.1　案　例　介　绍

随着市场需求大幅提升和半导体加工技术的快速发展，微机电系统(micro-electronic-mechanical system，MEMS)传感器逐渐成为传感器领域中的主要品类，目前已广泛应用于国防、生物医学、汽车等领域。近年来，汽车工业步入智能化时代，实现汽车关键部件状态监测成为各主机厂的共识，因此，研究汽车 MEMS 压力传感器具有极高的科技和商业价值。燃油蒸气压力传感器是一种基于硅压阻效应，集成 CMOS(complementary metal oxide semiconductor，互补金属氧化物半导体)与 MEMS 技术制造的用于检测汽车燃油蒸气压力的微型传感器。其工作原理为从芯片背面将待检压力加载至硅敏感膜片上，使得惠斯通电桥中的压应变电阻阻值改变，电桥电流经专用集成电路(application specific integrated circuit，ASIC)处理后，最终输出与待检压力呈线性关系的电学信号。在燃油蒸气压力传感器的制造过程中，需要通过引线键合工艺将芯片与引线框架连接，从而实现芯片内电路的输入/输出键合点与引线框架接触点之间的电学连接。键合工艺质量以及键合后焊点接触状态将直接影响传感器的工作性能和使用寿命。由于燃油蒸气压力传感器处于温度交替变化的工作环境，研究金丝键合焊点处的热疲劳对提升传感器可靠性具有重要意义。

本章采用多物理场耦合仿真软件 COMSOL Multiphysics 5.6，基于有限元分析方法，耦合固体力学、疲劳等多物理场，对压力传感器进行温度循环冲击仿真研究。建立压力传感器二维有限元模型，利用蠕变和塑性变形方程来分析焊点和灌封胶热膨胀产生的应变，使用蠕变和塑性变形分别研究焊点应力应变的关系，并计算出焊点处的等效应变，在结果后处理中绘制焊点危险点(等效应变最大位置)的等效应变曲线。结果显示，塑性变形是导致焊点失效的主要原因。在初始阶段的数次温度循环后，逐次循环的塑性应变增量成为稳定值。通过该稳定塑性应变增量选择 Coffin-Manson 疲劳模型来计算焊点在温度冲击载荷下的疲劳寿命。

本章工作依托于国家重点研发计划"网络协同制造和智能工厂"重点专项的"基于工艺过程多场建模仿真的电子产品大批量高速高精密智能制造产线集成技术"项目(2019YFB1704600)。本章将向读者介绍一个温度循环冲击下金丝键合焊点处热疲劳仿真分析的案例，通过本例学习，读者可以掌握使用 COMSOL 进行热固耦合和热疲劳计算的方法。本例中使用的计算机配置为 12 核@2.2GHz 的

CPU，4×128GB 内存，完整计算大约需 40min。

7.2　物　理　模　型

如图 7-1 所示，建立压力传感器结构二维模型，其中模型长度×高度为 18.00mm×4.50mm。底部陶瓷基板长度×高度为 18.00mm×1.00mm。基板上旋涂一层 0.20mm 厚的粘接胶用于固定芯片，芯片的长度×高度为 3.90mm×0.45mm。芯片和陶瓷基板上都沉积有长度×高度为 0.30mm×0.01mm 的焊盘。芯片和陶瓷基板之间用直径为 0.05mm 的金线通过超声波键合连接在一起。芯片外围为厚度为 0.80mm 的 ABS（acrylonitrile butadiene styrene，丙烯腈-丁二烯-苯乙烯共聚物）环形挡圈，在挡圈内注入灌封胶以保护芯片，其中模型中给定灌封胶的厚度为 2.00mm。

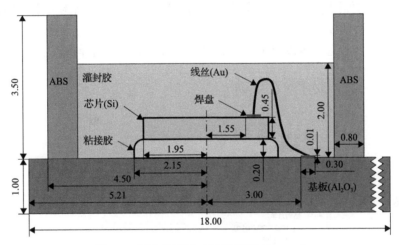

图 7-1　压力传感器二维模型(单位：mm)

7.3　建立数值模拟模型

基于上述的物理模型，建立数值模拟模型。数值模拟模型主要包括模型初始设置、全局定义、构建几何、定义固体力学、定义蠕变疲劳、定义塑性疲劳、定义材料与划分网格。

7.3.1　步骤 1：模型初始设置

1. 选择空间维度

打开 COMSOL Multiphysics 软件，单击"模型向导"按钮新建模型，弹出如图 7-2 所示的选择空间维度窗口，单击"二维"按钮。

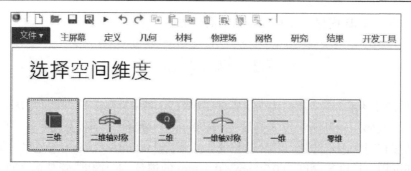

图 7-2　选择空间维度

2. 选择多物理场

　　在弹出的如图 7-3 所示的选择物理场窗口内，选择"结构力学→固体力学 (solid)"选项，单击"添加"按钮或者双击所要选择的物理场(本案例是"固体力学(solid)")。若选错可以单击下方的移除按钮，来重新选择物理场。

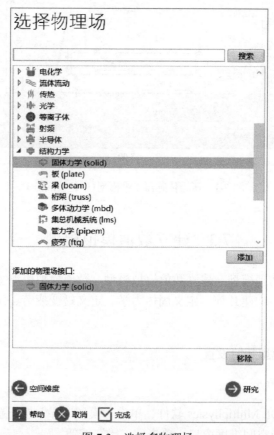

图 7-3　选择多物理场

3. 添加研究

在选择物理场窗口右下角单击"研究"按钮，弹出如图 7-4 所示的添加研究窗口，选择"一般研究→瞬态"选项，单击"完成"按钮。

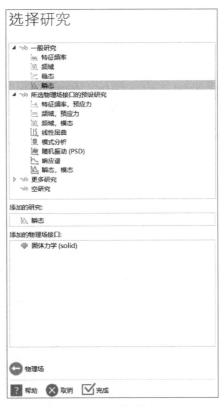

图 7-4　添加研究

7.3.2　步骤 2：全局定义

1. 定义温度载荷

在图 7-2 菜单栏中展开"主屏幕→f(x)函数"选项，显示有全局和局部两部分，在全局部分执行"插值"函数命令，如图 7-5 所示。在插值函数设置窗口中修改标签为"温度载荷"。在"定义"栏，将函数名称改为"temp"，并在下面的下拉列表中输入如图 7-6 所示的温度载荷数据。温度载荷具体设置为：温度由 25℃升至 150℃需 16min；150℃保温 5min；150℃降至-40℃需 47min；-40℃保温 5min；-40℃升至 25℃需 7min。温度循环周期为 80min(下拉列表输入的值符合图 7-7 温度曲线)。仿真进行 6 个循环即总时间 t 为 480min(图 7-6 中右表的数据未全部展

图 7-5　选择插值函数

时间	温度	时间	温度
0	25	256	150
16	150	261	150
21	150	308	-40
68	-40	313	-40
73	-40	320	25
80	25	336	150
96	150	341	150
101	150	388	-40
148	-40	393	-40
153	-40	400	25
160	25	416	150
176	150	421	150
181	150	468	-40
228	-40	473	-40
233	-40	480	25
240	25		

图 7-6　温度变量

示，未展示部分请读者自行输入）。然后定位到"单位"栏，在"变元"文本框中输入"min"，在"函数"文本框中输入"degC"。单击"绘制"按钮可以查看插值函数的曲线，如图 7-7 所示。

2. 定义 Garofalo n 参数

在菜单栏中展开"主屏幕→f(x) 函数"菜单，在全局部分执行"插值"函数命令，如图 7-5 所示。

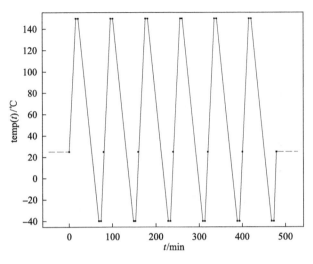

图 7-7　温度变化曲线

在插值函数设置窗口中将标签修改为"Garofalo n 参数"。在"定义"栏，将"函数名称"改为"n"，并在下面的列表框中输入如图 7-8 所示 n 的数据。然后定位到"单位"栏，在"变元"文本框中输入"min"，在"函数"文本框中输入"1"。单击"绘制"按钮可以查看插值函数的曲线，如图 7-9 所示。

时间t	n参数值	时间t	n参数值
0	4.3	256	3
16	3	261	3
21	3	308	4.3
68	4.3	313	4.3
73	4.3	320	4.3
80	4.3	336	3
96	3	341	3
101	3	388	4.3
148	4.3	393	4.3
153	4.3	400	4.3
160	4.3	416	3
176	3	421	3
181	3	468	4.3
228	4.3	473	4.3
233	4.3	480	4.3
240	4.3		

图 7-8　参数 n

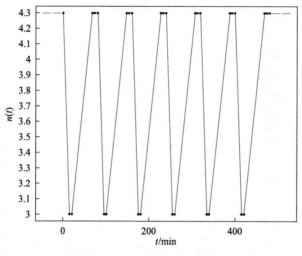

图 7-9　参数 n 值变化曲线

3. 定义蠕变活化能 Q

与上一步同样的操作，在全局部分执行"插值"函数命令。在插值函数设置窗口中将标签修改为"蠕变活化能"。定位至"定义"栏，将"函数名称"改为"Q"，并在下面的列表框中输入如图 7-10 所示 Q 的数据。然后定位到"单位"栏，在"变元"文本框中输入"min"，在"函数"文本框中输入"J/mol"。单击"绘制"按钮可以查看插值函数的曲线，如图 7-11 所示。

时间t	蠕变活化能Q	时间t	蠕变活化能Q
0	87000	256	130000
16	130000	261	130000
21	130000	308	87000
68	87000	313	87000
73	87000	320	87000
80	87000	336	130000
96	130000	341	130000
101	130000	388	87000
148	87000	393	87000
153	87000	400	87000
160	87000	416	130000
176	130000	421	130000
181	130000	468	87000
228	87000	473	87000
233	87000	480	87000
240	87000		

图 7-10　蠕变活化能

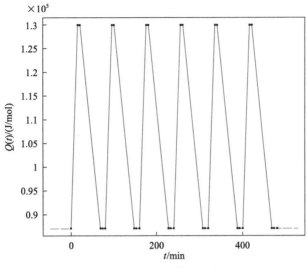

图 7-11　蠕变活化能变化曲线

7.3.3　步骤 3：构建几何

1. 定义几何单位

在模型开发器窗口中，展开"组件 1（comp1）→几何 1"选项，在几何设置窗口中"长度单位"选择"mm"，"角单位"选择"度"，如图 7-12 所示。

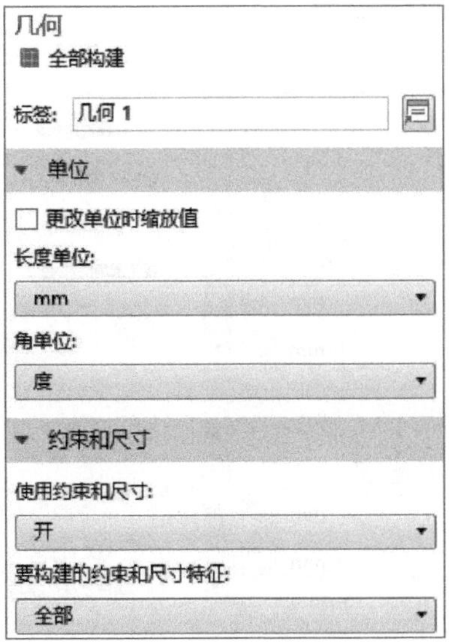

图 7-12　定义几何单位

2. 构建基板

右击"几何 1",执行"矩形"命令,构建参数设置如图 7-13 所示的矩形,代表基板。

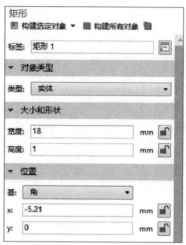

图 7-13　构建基板

3. 构建粘接胶

右击"几何 1",执行"矩形"命令,输入如图 7-14(a)所示参数。再次右击

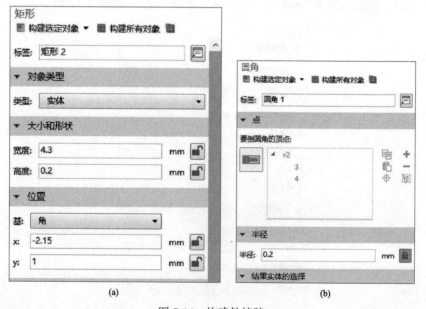

(a)　　　　　　　　　　　　　　　　(b)

图 7-14　构建粘接胶

"几何 1",执行"圆角"命令,输入如图 7-14(b)所示的参数。在选择需要倒圆角的点时,可以在图 7-2 菜单栏中执行"主屏幕"工具栏中的"窗口→选择列表"命令,在模型开发器窗口旁右侧就会出现选择列表。可以在选择列表中选择需要倒圆角的点,如图 7-14(b)所示。单击"构建选定对象"按钮即可构建粘接胶。

4. 构建芯片

右击"几何 1",执行"矩形"命令,构建参数设置如图 7-15 所示的矩形,代表芯片。

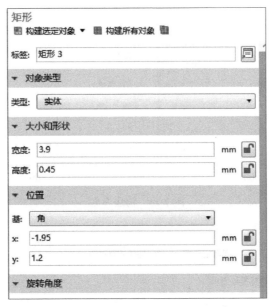

图 7-15 构建芯片

5. 构建焊盘

右击"几何 1",执行"矩形"命令,构建参数设置如图 7-16(a)所示的矩形。右击"几何 1",同样,构建参数设置如图 7-16(b)所示的矩形。两个矩形代表焊盘。

6. 构建一焊焊点

右击"几何 1",执行"矩形"命令,构建参数设置如图 7-17 所示的矩形,代表焊点。

7. 构建线丝

在图 7-2 中执行"几何"工具栏的"更多体素→线段"命令,构建如图 7-18

所示的线段 1；同样，构建参数设置如图 7-19 所示的线段 2；展开"更多体素"选项，执行"圆弧"命令，构建参数设置如图 7-20 所示的圆弧 1；同样可构建参

(a)　　　　　　　　　　　　　　　(b)

图 7-16　构建焊盘

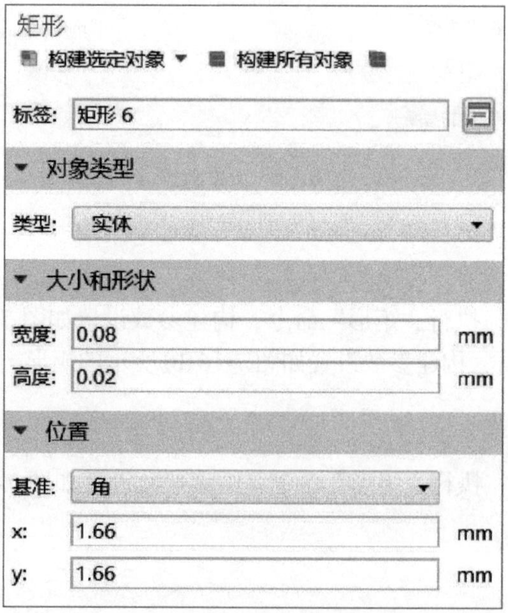

图 7-17　构建一焊焊点

线段	
■ 构建选定对象 ▾	■ 构建所有对象 ▣

标签: 线段 1

▼ 起点

指定:	坐标 ▾
x:	1.685　mm
y:	1.68　mm

▼ 终点

指定:	坐标 ▾
x:	1.685　mm
y:	1.91　mm

图 7-18　构建线段 1

线段	
■ 构建选定对象 ▾	■ 构建所有对象 ▣

标签: 线段 2

▼ 起点

指定:	坐标 ▾
x:	1.715　mm
y:	1.68　mm

▼ 终点

指定:	坐标 ▾
x:	1.715　mm
y:	1.91　mm

图 7-19　构建线段 2

数设置如图 7-21 所示的圆弧 2；展开"更多体素"选项，执行"线段"命令，构建参数设置如图 7-22 所示的线段 3；同样，可构建参数设置如图 7-23 所示的线段 4、图 7-24 所示的圆弧 3、图 7-25 所示的圆弧 4、图 7-26 所示的线段 5、图 7-27

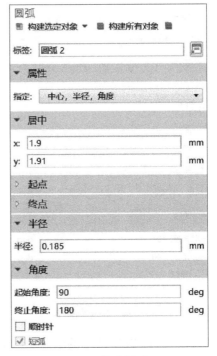

圆弧	
■ 构建选定对象 ▾	■ 构建所有对象 ▣

标签: 圆弧 1

▼ 属性

指定: 中心，半径，角度 ▾

▼ 居中

x:	1.9　mm
y:	1.91　mm

▷ 起点

▷ 终点

▼ 半径

半径: 0.215　mm

▼ 角度

起始角度:	90　deg
终止角度:	180　deg

☐ 顺时针
☑ 短弧

图 7-20　构建圆弧 1

圆弧	
■ 构建选定对象 ▾	■ 构建所有对象 ▣

标签: 圆弧 2

▼ 属性

指定: 中心，半径，角度 ▾

▼ 居中

x:	1.9　mm
y:	1.91　mm

▷ 起点

▷ 终点

▼ 半径

半径: 0.185　mm

▼ 角度

起始角度:	90　deg
终止角度:	180　deg

☐ 顺时针
☑ 短弧

图 7-21　构建圆弧 2

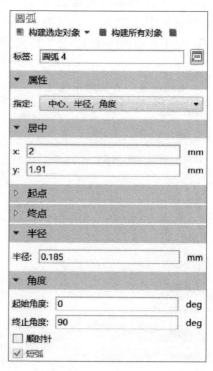

线段
构建选定对象 ▼　构建所有对象

标签：线段 3

▼ 起点

指定：顶点

起始顶点：
ca1
1

＋ 🗑 ⊕

▼ 终点

指定：坐标

x:　2　　　　　　　mm
y:　2.125　　　　　mm

图 7-22　构建线段 3

线段
构建选定对象 ▼　构建所有对象

标签：线段 4

▼ 起点

指定：顶点

起始顶点：
ca2
1

＋ 🗑 ⊕

▼ 终点

指定：坐标

x:　2　　　　　　　mm
y:　2.095　　　　　mm

图 7-23　构建线段 4

圆弧
构建选定对象 ▼　构建所有对象

标签：圆弧 3

▼ 属性

指定：中心，半径，角度

▼ 居中

x:　2　　　　　　　mm
y:　1.91　　　　　mm

▷ 起点

▷ 终点

▼ 半径

半径：0.215　　　　mm

▼ 角度

起始角度：0　　　　deg
终止角度：90　　　　deg

☐ 顺时针
☑ 短弧

图 7-24　构建圆弧 3

圆弧
构建选定对象 ▼　构建所有对象

标签：圆弧 4

▼ 属性

指定：中心，半径，角度

▼ 居中

x:　2　　　　　　　mm
y:　1.91　　　　　mm

▷ 起点

▷ 终点

▼ 半径

半径：0.185　　　　mm

▼ 角度

起始角度：0　　　　deg
终止角度：90　　　　deg

☐ 顺时针
☑ 短弧

图 7-25　构建圆弧 4

所示的线段 6、图 7-28 所示的圆弧 5、图 7-29 所示的圆弧 6、图 7-30 所示的线段
7、图 7-31 所示的线段 8、图 7-32 所示的圆弧 7、图 7-33 所示的圆弧 8、图 7-34

所示的线段 9、图 7-35 所示的线段 10、图 7-36 所示的线段 11、图 7-37 所示的线段
12。在"几何"工具栏中，单击"转换"，执行"转换为实体"命令，依次选择如
图 7-38(a)所示转换实体设置窗口中的线段(ca1～ca8、ls1～ls12)，构建如图 7-38(b)
所示的金线模型。

图 7-26　构建线段 5

图 7-27　构建线段 6

图 7-28　构建圆弧 5

图 7-29　构建圆弧 6

线段

▣ 构建选定对象 ▼ 　 构建所有对象 ▣

标签: 线段 7

▼ 起点

指定: 顶点

起始顶点:

▲ ca6
2

＋ 🗑 ⊕

▼ 终点

指定: 坐标

x: 2.823　　　　　　　 mm

y: 1.095　　　　　　　 mm

图 7-30　构建线段 7

线段

▣ 构建选定对象 ▼ 　 构建所有对象 ▣

标签: 线段 8

▼ 起点

指定: 顶点

起始顶点:

▲ ca5
2

＋ 🗑 ⊕

▼ 终点

指定: 坐标

x: 2.823　　　　　　　 mm

y: 1.065　　　　　　　 mm

图 7-31　构建线段 8

圆弧

▣ 构建选定对象 ▼ 　 构建所有对象 ▣

标签: 圆弧 7

▼ 属性

指定: 中心, 半径, 角度

▼ 居中

x: 2.823　　　　　　　 mm

y: 0.58　　　　　　　　 mm

▷ 起点

▷ 终点

▼ 半径

半径: 0.515　　　　　　 mm

▼ 角度

起始角度: 75　　　　　 deg

终止角度: 90　　　　　 deg

☐ 顺时针

☑ 短弧

图 7-32　构建圆弧 7

圆弧

▣ 构建选定对象 ▼ 　 构建所有对象 ▣

标签: 圆弧 8

▼ 属性

指定: 中心, 半径, 角度

▼ 居中

x: 2.823　　　　　　　 mm

y: 0.58　　　　　　　　 mm

▷ 起点

▷ 终点

▼ 半径

半径: 0.485　　　　　　 mm

▼ 角度

起始角度: 75　　　　　 deg

终止角度: 90　　　　　 deg

☐ 顺时针

☑ 短弧

图 7-33　构建圆弧 8

线段

■ 构建选定对象 ▼　■ 构建所有对象 ■

标签：线段 9

▼　起点

指定：　顶点

起始顶点：

ca7
1

＋　🗑　⊕

▼　终点

指定：　坐标

x：　3.0998　mm

y：　1.039　mm

图 7-34　构建线段 9

线段

■ 构建选定对象 ▼　■ 构建所有对象 ■

标签：线段 10

▼　起点

指定：　顶点

起始顶点：

ca8
1

＋　🗑　⊕

▼　终点

指定：　坐标

x：　3.092　mm

y：　1.01　mm

图 7-35　构建线段 10

线段

■ 构建选定对象 ▼　■ 构建所有对象 ■

标签：线段 11

▼　起点

指定：　顶点

起始顶点：

ls9
2

＋　🗑　⊕

▼　终点

指定：　顶点

终止顶点：

ls10
2

＋　🗑　⊕

图 7-36　构建线段 11

线段

■ 构建选定对象 ▼　■ 构建所有对象 ■

标签：线段 12

▼　起点

指定：　顶点

起始顶点：

ls1
1

＋　🗑　⊕

▼　终点

指定：　顶点

终止顶点：

ls2
1

＋　🗑　⊕

图 7-37　构建线段 12

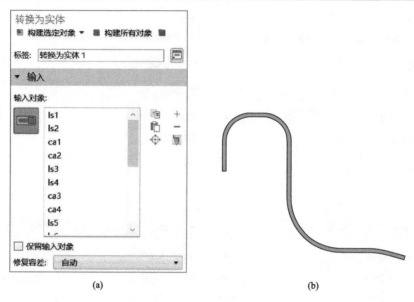

(a)　　　　　　　　　　　　　　　　(b)

图 7-38　构建线丝模型

8. 构建二焊焊点

在"几何"工具栏中，执行"更多体素→线段"命令，构建如图 7-39 所示的线段 13；同样，构建参数设置如图 7-40 所示的线段 14、图 7-41 所示的线段 15、

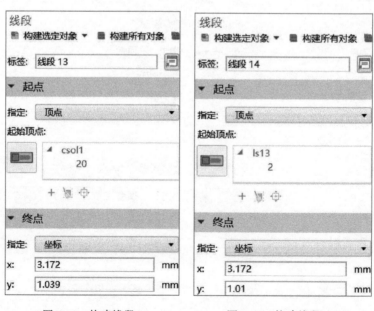

图 7-39　构建线段 13　　　　　图 7-40　构建线段 14

图 7-42 所示的线段 16。在"几何"工具栏中，执行"转换→转换为实体"命令，依次选择如图 7-43 所示转换为实体设置窗口中的线段(ls13～ls16)，构建出二焊焊点。

图 7-41　构建线段 15　　　　　图 7-42　构建线段 16

图 7-43　构建二焊焊点

9. 构建 ABS 挡圈

在"几何"工具栏中，执行"更多体素→矩形"命令，构建参数设置如图 7-44(a) 所示的矩形 7，代表挡圆。同样，构建如图参数设置图 7-44(b) 所示的矩形 8，代表挡圈。

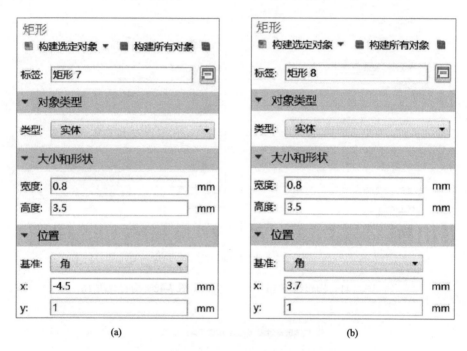

(a)　　　　　　　　　　　　　(b)

图 7-44　构建 ABS 挡圈

10. 构建灌封胶

在"几何"工具栏中，执行"更多体素→矩形"命令，构建参数设置如图 7-45 所示的矩形 9；在"几何"工具栏中，执行"布尔操作和分割→差集"命令，在"要添加的对象"里选择"r9"，在"要减去的对象"里选择"fil1、r3、r4、r5、r6、csol1、csol2"，勾选"保留输入对象"复选框，构建如图 7-46 所示的差集；在"几何"工具栏中，执行"删除"命令，在删除实体窗口进行设置，如图 7-47 所示。最后单击"构建选定对象"按钮来构建灌封胶。

11. 形成联合体

在模型开发器窗口中单击"形成联合体"，弹出如图 7-48 所示的设置窗口，在此单击"全部构建"按钮，构建如图 7-49 所示的几何模型。

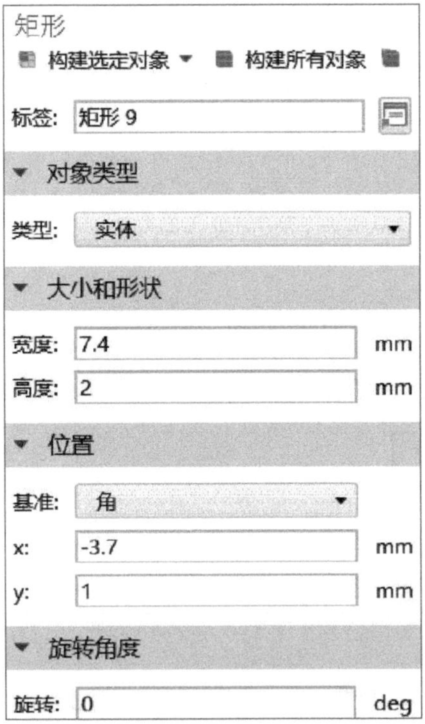

矩形
🖼 构建选定对象 ▼ 　🖼 构建所有对象 🖼

标签： 矩形 9

▼ 对象类型

类型： 实体

▼ 大小和形状

宽度： 7.4 mm

高度： 2 mm

▼ 位置

基准： 角

x： -3.7 mm

y： 1 mm

▼ 旋转角度

旋转： 0 deg

图 7-45　构建矩形 9

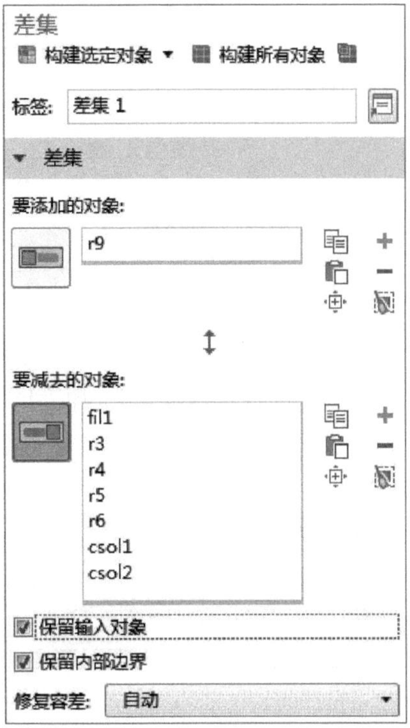

差集
🖼 构建选定对象 ▼ 　🖼 构建所有对象 🖼

标签： 差集 1

▼ 差集

要添加的对象：

r9

要减去的对象：

fil1
r3
r4
r5
r6
csol1
csol2

☑ 保留输入对象
☑ 保留内部边界

修复容差： 自动

图 7-46　创建差集

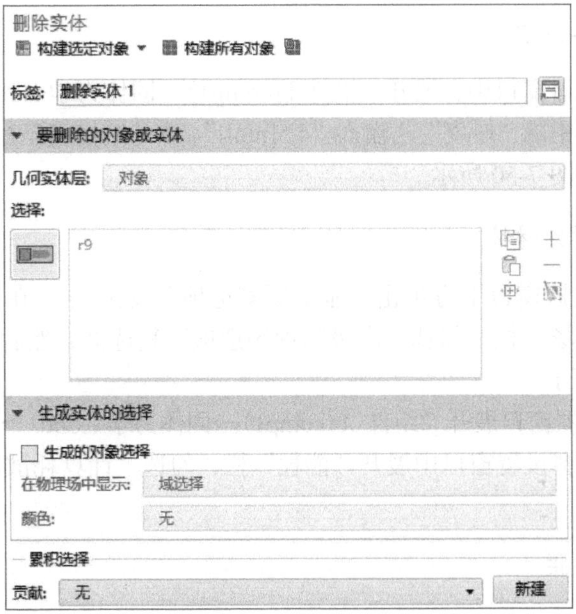

删除实体
🖼 构建选定对象 ▼ 　🖼 构建所有对象 🖼

标签： 删除实体 1

▼ 要删除的对象或实体

几何实体层： 对象

选择：

r9

▼ 生成实体的选择

☐ 生成的对象选择

在物理场中显示： 域选择
颜色： 无

累积选择
贡献： 无　　　　　　　　　　　新建

图 7-47　构建灌封胶

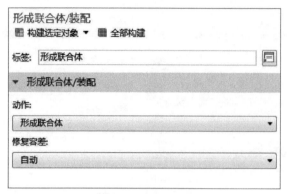

图 7-48　形成联合体

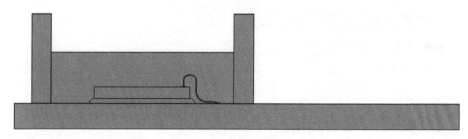

图 7-49　几何模型

7.3.4　步骤 4：定义固体力学

1. 定义固体力学

在模型开发器窗口中，展开"组件 1(comp1)→固体力学(solid)"选项。在固体力学设置窗口中的"厚度"栏输入"4.5[mm]"，在"结构瞬态行为"栏选择"准静态"选项，如图 7-50 所示。

2. 定义线弹性材料

在模型开发器窗口上方单击"显示更多选项"按钮 ☞，在弹出来的对话框中定位到"物理场"栏，勾选"高级物理场选项"复选框，然后单击"确定"按钮，如图 7-51 所示。

在模型开发器窗口展开"组件 1(comp1)→固体力学(solid)→线弹性材料"选项，在线弹性材料设置窗口中展开"能耗"栏，勾选"计算耗散能"复选框，如图 7-52 所示。

3. 定义热膨胀

在图 7-2 的菜单栏中选择"物理场"，工具栏单击"属性"，并在固体力学部分执行"热膨胀"命令，如图 7-53 所示。

在模型开发器窗口，展开"组件 1(comp1)→固体力学(solid)→线弹性材料 1→热膨胀 1"选项，如图 7-54 所示在热膨胀设置窗口"域选择"栏中选择"所有域"选项，在"模型输入"的"温度"栏，从下拉列表中选择"用户定义"选项，并在下面的文本框中输入"temp(t)"。

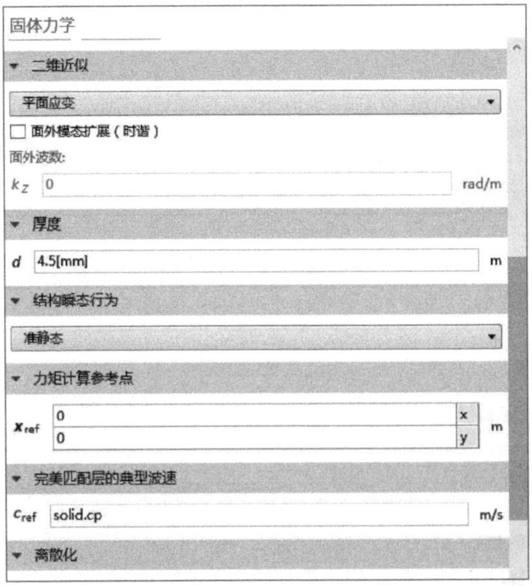

图 7-50　定义固体力学

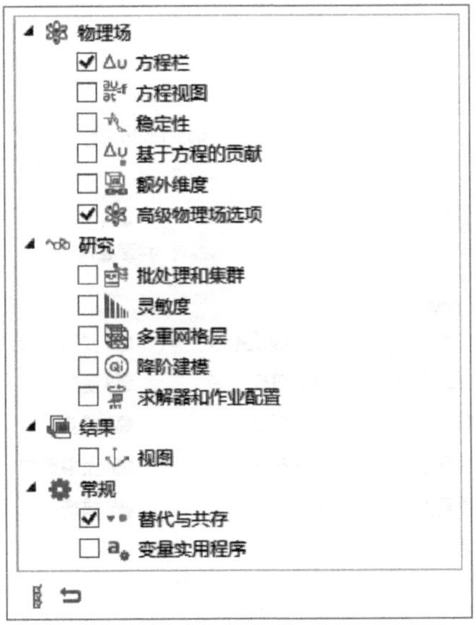

图 7-51　添加高级物理场选项

4. 定义蠕变

在"物理场"工具栏中单击"属性",并在固体力学部分执行"蠕变"命令。在模型开发器窗口展开"组件1(comp1)→固体力学(solid)→线弹性材料1→蠕变1"

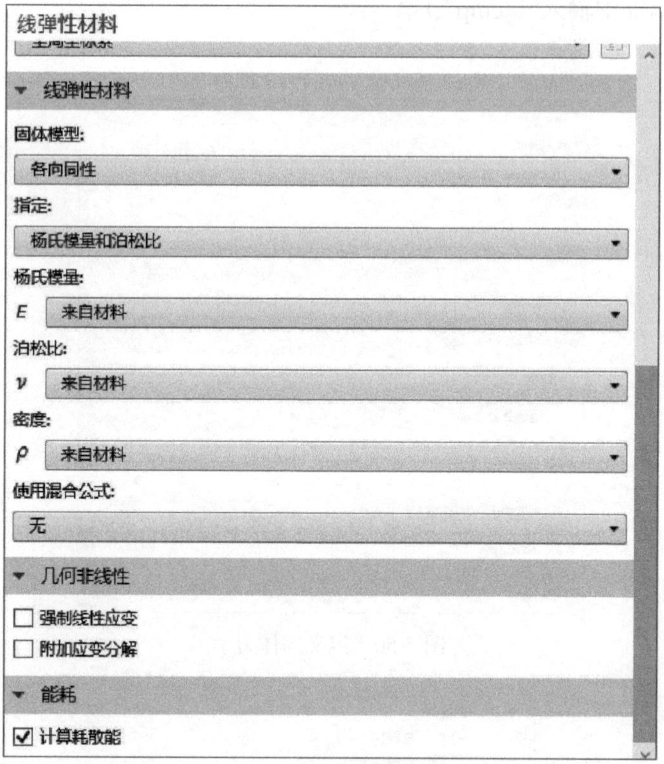

图 7-52　定义线弹性材料

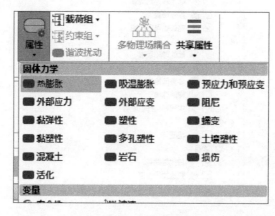

图 7-53　添加热膨胀

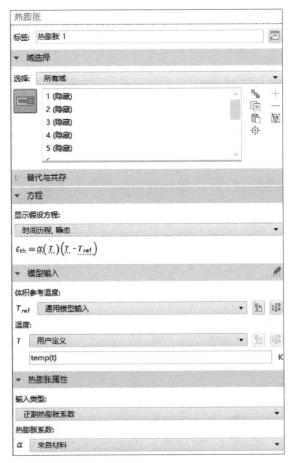

图 7-54 定义温度条件

选项。在蠕变设置窗口的"域选择"栏，选择"手动"选项。先单击"清除选择"
按钮 ，再在右边的图形窗口中选择区域 6、7、8、10、11（也可在选择下拉列表
选取）。在"模型输入"栏，从"温度"设置的下拉列表中选择"用户定义"选项，
并在下面的文本框中输入"temp(t)"。在"蠕变数据"栏，从"材料模型"的下
拉列表中选择"Garofalo（双曲正弦）"，从下面的"Garofalo n 参数"的"n"下拉
列表中选择"用户定义"选项，并在文本框中输入"n(t)"。勾选"包含温度依存
性"复选框。在"蠕变活化能"文本框中输入"Q(t)"，如图 7-55 所示。

5. 定义塑性

在"物理场"工具栏中单击"属性"，并在固体力学部分执行"塑性"命令。
在模型开发器窗口展开"组件 1(comp1)→固体力学(solid)→线弹性材料 1→塑性 1"
选项。在塑性设置窗口的"域选择"栏，选择"手动"选项。先单击"清除选择"

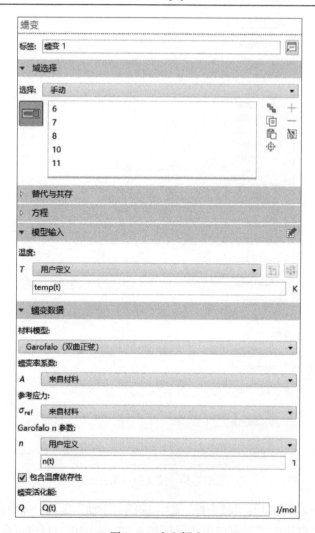

图 7-55　定义蠕变

按钮 ，再在图形窗口中选中区域 6、7、8、10、11。在"塑性模型"栏，从"各向同性硬化模型"的下拉列表中选择"理想塑性"选项，从"运动硬化模型"的下拉列表中选择"线性单元"选项。其他设置如图 7-56 所示。

6. 定义约束

在"物理场"工具栏中单击"边界"，并在固体力学部分执行"固定约束"命令。在模型开发器窗口展开"组件 1 (comp1) →固体力学 (solid) →线弹性材料 1，固定约束 1"选项。在固定约束设置窗口中的"边界选择"栏，选择"手动"选项，并在右边图形窗口中选中基板的底部，即边界 2，如图 7-57 所示。

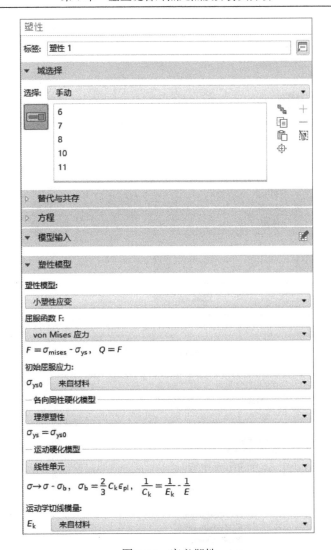

图 7-56　定义塑性

7.3.5　步骤 5：定义蠕变疲劳

1. 添加物理场

在图 7-2 "主屏幕" 工具栏中单击 "添加物理场"，弹出 "添加物理场" 对话框。展开 "结构力学" 选项，单击 "疲劳(ftg)"，取消勾选下方 "研究中的物理场接口" 的 "研究 1" 复选框。单击上方的 "添加到'组件 1(comp1)'" 按钮。之后再单击 "添加物理场" 按钮来关闭 "添加物理场" 对话框，如图 7-58所示。

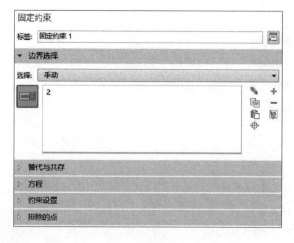

图 7-57　定义约束

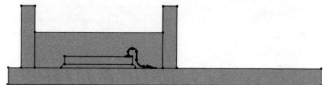

图 7-58　添加蠕变疲劳

2. 设置蠕变疲劳

在模型开发器窗口展开"组件 1(comp1)→疲劳(ftg1)"选项，在疲劳设置窗口定义标签为"蠕变疲劳"。展开"组件 1(comp1)"选项，右击"蠕变疲劳(ftg1)"，执行"应变寿命"命令，并在应变寿命设置窗口定位至"域选择"栏，从"选择"下拉列表中选择"手动"选项，在图形窗口中选择域 6、7、8、10、11，即金线和焊点区域。从"解场"栏，从"物理场接口"下拉列表中选择"固体力学(solid)"选项。在"准则"下拉列表中选择"Coffin-Manson"。在"应变类型"下拉列表中选择"等效蠕变应变"选项，如图 7-59 所示。

7.3.6　步骤 6：定义塑性疲劳

1. 添加物理场

在图 7-2"主屏幕"工具栏的"添加物理场"中，单击"添加物理场"会弹出"添加物理场"对话框。展开"结构力学"选项，单击"疲劳(ftg)"选项，取消勾选下方"研究中的物理场接口"的"研究 1"复选框。单击上方的"添加到'组件 1(comp1)'"按钮。单击"添加物理场"按钮，关闭"添加物理场"对话框，如图 7-60 所示。

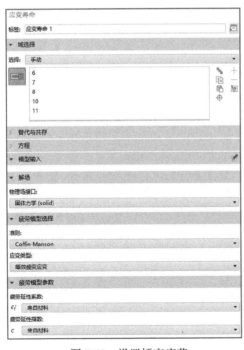

图 7-59　设置蠕变疲劳

图 7-60　添加塑性疲劳

2. 设置塑性疲劳

在模型开发器窗口展开"组件 1 comp1 →疲劳 2 ftg2"选项，在疲劳设置窗口中定义标签为"塑性疲劳"。展开"组件 1 comp1"选项，右击"塑性疲劳 ftg2"，执行"应变寿命"命令，在应变寿命设置窗口定位至"域选择"栏，选择"手动"选项，在图形窗口中选择域 6、7、8、10、11，线和焊点区。在"解场"栏，从"物理场接口"下拉列表中选择"固体力学 solid"，从"准则"下拉列表中选择"Coffin-Manson"，从"应变类型"下拉列表中选择"等效塑性应变"，如图 7-61 所示。

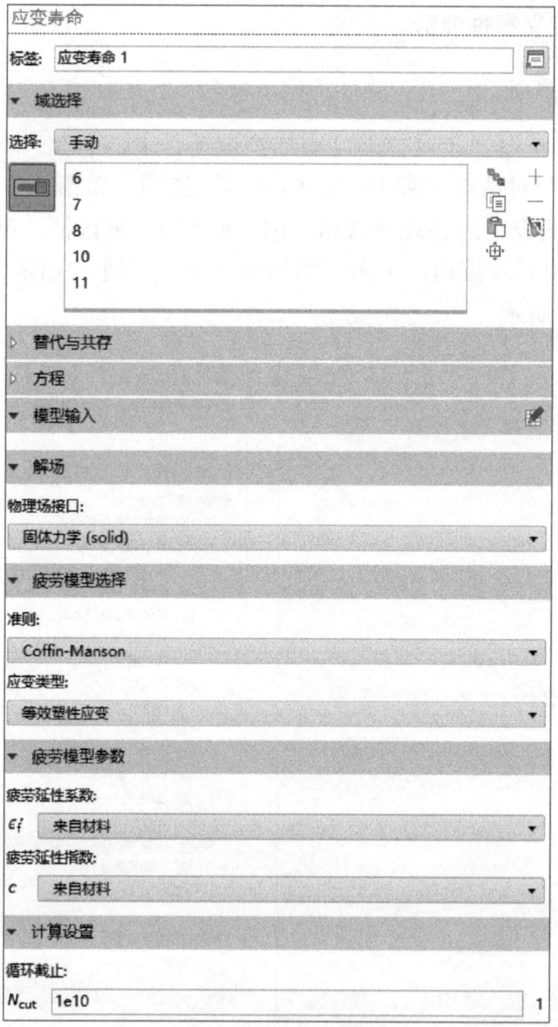

图 7-61　设置塑性疲劳

7.3.7　步骤 7：定义材料

1. 定义基板材料

在模型开发器窗口展开"组件 1(comp1)"选项，右击"材料"，执行"空材料"命令，在材料设置窗口中定义标签为"基板"，如图 7-62 所示，在"几何实体选择"中选择域 1。在"材料属性明细"列表框中输入相应的材料参数。

2. 定义粘接胶材料

右击"材料"，执行"空材料"命令，定义标签为"粘接胶"，如图 7-63 所示，选择域 4，并在"材料属性明细"列表框中输入相关参数。

图 7-62　定义基板材料

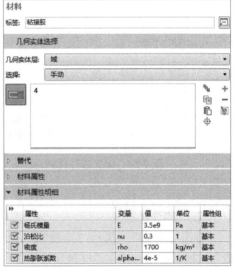

图 7-63　定义粘接胶材料

3. 定义芯片材料

右击"材料"，执行"空材料"命令，在材料设置窗口中定义标签为"芯片"，选择域 5，并在"材料属性明细"列表框中输入相应的材料参数，如图 7-64 所示。

4. 定义线丝材料

右击"材料"，执行"空材料"命令，在材料设置窗口中，定义标签为"线丝"，选择域 6、7、8、11，并在"材料属性明细"列表框中输入相应的材料参数，如图 7-65 所示。

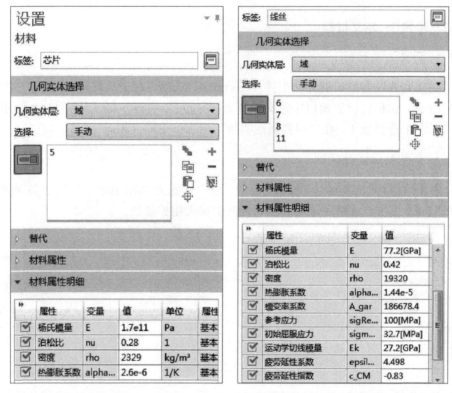

图 7-64　定义芯片材料　　　　　图 7-65　定义线丝材料

5. 定义焊盘材料

右击"材料"，执行"空材料"命令，在材料设置窗口中，定义标签为"焊盘"，选择域 10，并在"材料属性明细"列表框中输入相应的材料参数，如图 7-66 所示。

6. 定义 ABS 挡圈材料

右击"材料"，执行"空材料"命令，在材料设置窗口中，定义标签为"ABS挡圈"，选择域 2、12，并在"材料属性明细"列表框中输入相应的材料参数，如图 7-67 所示。

7. 定义灌封胶材料

右击"材料"，执行"空材料"命令，在材料设置窗口中，定义标签为"灌封胶"，选择域 3、9，并在"材料属性明细"列表框中输入相应的材料参数，如图 7-68 所示。

图 7-66 定义焊盘材料

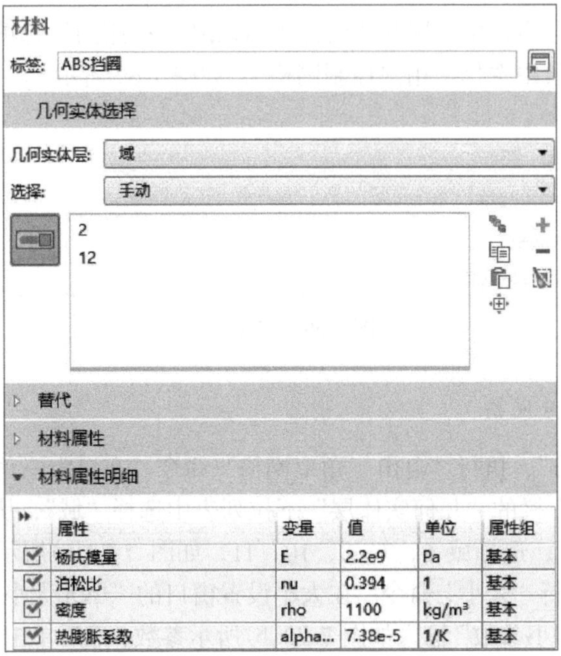

图 7-67 定义 ABS 挡圈材料

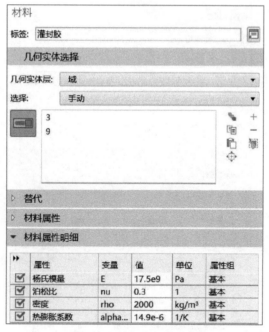

图 7-68　定义灌封胶材料

7.3.8　步骤 8：划分网格

在模型开发器窗口中，展开"组件 1(comp1)→网格 1"选项，在网格设置窗口的"序列类型"中选择"用户控制网格"，如图 7-69 所示。

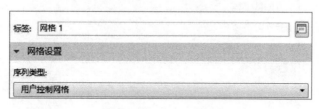

图 7-69　定义网格

1. 对线丝划分网格

右击"网格 1"，执行"自由三角形网格"命令。在自由三角形网格设置窗口中，从"域选择"栏的"几何实体层"下拉列表中选择"域"，从"选择"下拉列表中选择"手动"，选择域 6、7、8、10、11，如图 7-70(a)所示。右击"自由三角形网格 1"，执行"大小"命令。在大小设置窗口的"单元大小"栏选中"定制"选项。在"单元大小参数"输入如图 7-70(b)所示参数，然后单击"构建选定对象"按钮。

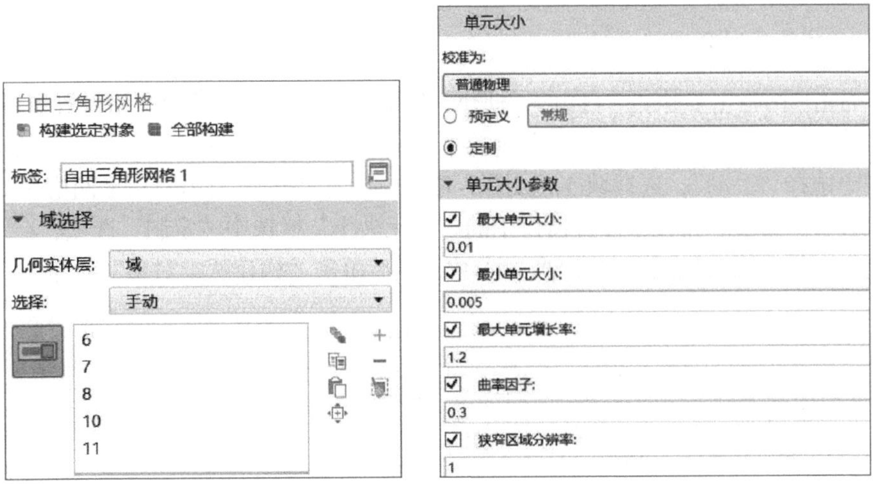

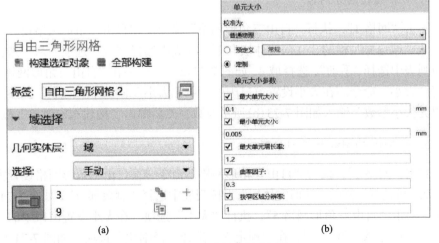

（a）　　　　　　　　　　　　　　（b）

图 7-70　对线丝划分网格

2. 对灌封胶划分网格

右击"网格 1"，执行"自由三角形网格"命令。在自由三角形网格设置窗口中，从"域选择"栏的"几何实体层"下拉列表中选择"域"选项，在"选择"下拉列表中选择"手动"，选择域 3、9，如图 7-71（a）所示。右击"自由三角形网格 2"，执行"大小"命令。在大小设置窗口中的"单元大小"栏选中"定制"选项，在"单元大小参数"栏输入如图 7-71（b）所示参数，然后单击"构建选定对象"按钮。

（a）　　　　　　　　　　　　　　（b）

图 7-71　对灌封胶划分网格

3. 对芯片划分网格

右击"网格 1"，执行"自由三角形网格"命令。在自由三角形网格设置窗口中，从"域选择"栏的"几何实体层"下拉列表中选择"域"选项。从"选择"的下拉列表中选择"手动"，选择域 5，如图 7-72(a)所示。右击"自由三角形网格 3"，执行"大小"命令。在大小设置窗口中的"单元大小"栏选中"定制"选项，在"单元大小参数"输入如图 7-72(b)所示参数，然后单击"构建选定对象"按钮。

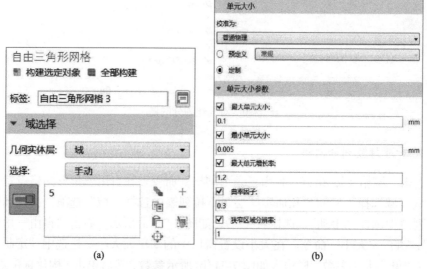

(a) 　　　　　　　　　　　　　　　　(b)

图 7-72　对芯片划分网格

4. 对粘接胶划分网格

右击"网格 1"，执行"自由三角形网格"命令。在自由三角形网格设置窗口中，从"域选择"栏的"几何实体层"下拉列表中选择"域"选项。从"选择"下拉列表中选择"手动"，选择域 4，如图 7-73(a)所示。右击"自由三角形网格 4"，执行"大小"命令。在大小设置窗口中的"单元大小"栏选中"定制"选项。在"单元大小参数"输入如图 7-73(b)所示参数，然后单击"构建选定对象"按钮。

5. 对 ABS 挡圈和基板划分网格

右击"网格 1"，执行"自由三角形网格"命令。在自由三角形网格设置窗口中，从"域选择"栏的"几何实体层"下拉列表中选择"剩余部分"，如图 7-74(a)所示。右击"自由三角形网格 5"，执行"大小"选项。在大小设置窗口中的"单元大小"栏选择"预定义"，在"预定义"选择"极细化"选项，如图 7-74(b)所示，然后单击"构建选定对象"按钮。传感器的整体网格如图 7-75 所示。

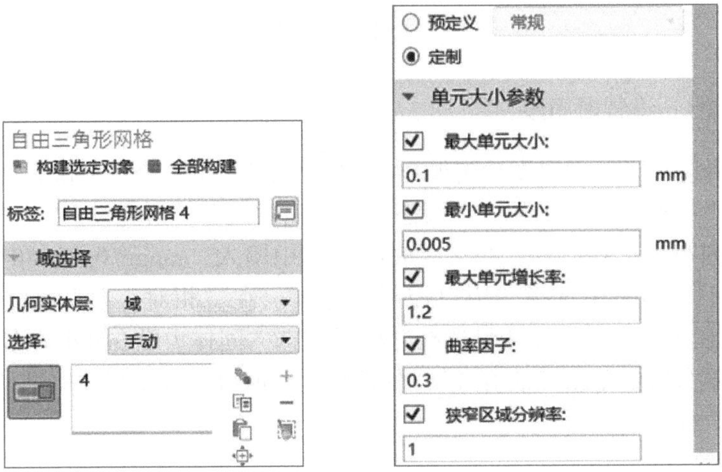

自由三角形网格
构建选定对象　全部构建
标签：　自由三角形网格 4

▼　域选择

几何实体层：　域

选择：　手动

4

(a)

○　预定义　常规
◉　定制

▼　单元大小参数

☑　最大单元大小：
0.1　　mm

☑　最小单元大小：
0.005　　mm

☑　最大单元增长率：
1.2

☑　曲率因子：
0.3

☑　狭窄区域分辨率：
1

(b)

图 7-73　对粘接胶划分网格

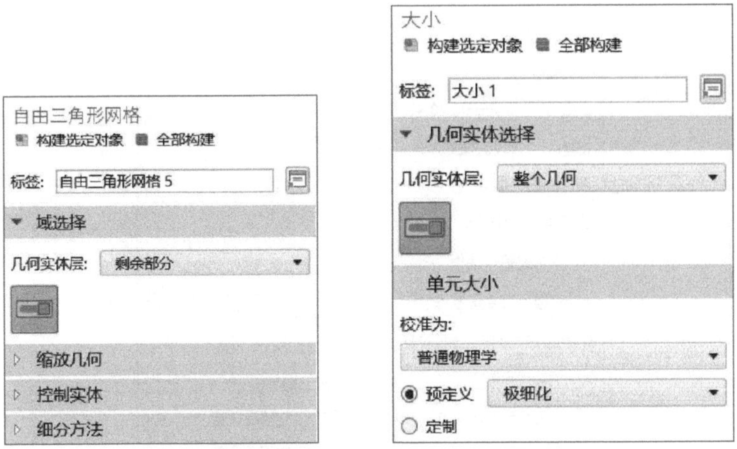

自由三角形网格
构建选定对象　全部构建

标签：　自由三角形网格 5

▼　域选择

几何实体层：　剩余部分

▷　缩放几何
▷　控制实体
▷　细分方法

(a)

大小
构建选定对象　全部构建

标签：　大小 1

▼　几何实体选择

几何实体层：　整个几何

单元大小

校准为：
普通物理学

◉　预定义　极细化
○　定制

(b)

图 7-74　对 ABS 挡圈和基板划分网格

图 7-75　传感器整体网格

7.4　问题求解 1

7.4.1　步骤 1：设置时间步

　　该仿真进行了 6 次温度冲击循环。在模型开发器窗口展开"研究 1→步骤 1：瞬态"选项。如图 7-76 所示，在瞬态设置窗口中展开"研究设置"，从"时间单位"下拉列表中选择"s"，并在"时间步"中输入"range(0,20,480*60)"。在"容差"下拉列表中选择"用户控制"选项。在"相对容差"文本框中输入"0.0015"。在"物理场和变量选择"栏只勾选"固体力学(solid)"复选框，在模型开发器窗口中单击"研究 1"，在研究设置窗口的标签栏中将"研究 1"改为"时间历程"。

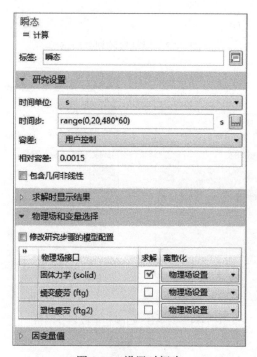

图 7-76　设置时间步

7.4.2　步骤 2：设置求解器配置

　　在菜单栏中，单击"研究"工具栏的"显示默认求解器"按钮。在模型开发器窗口展开"时间历程→求解器配置→解 1(sol1)→瞬态求解器 1"选项，如图 7-77 所示在瞬态求解器设置窗口中定位至"时间步进"栏，在"求解器采用的步长"

下拉列表中选择"精确"选项。然后单击"时间历程",在时间历程设置窗口中单击"=计算"按钮,开始计算。

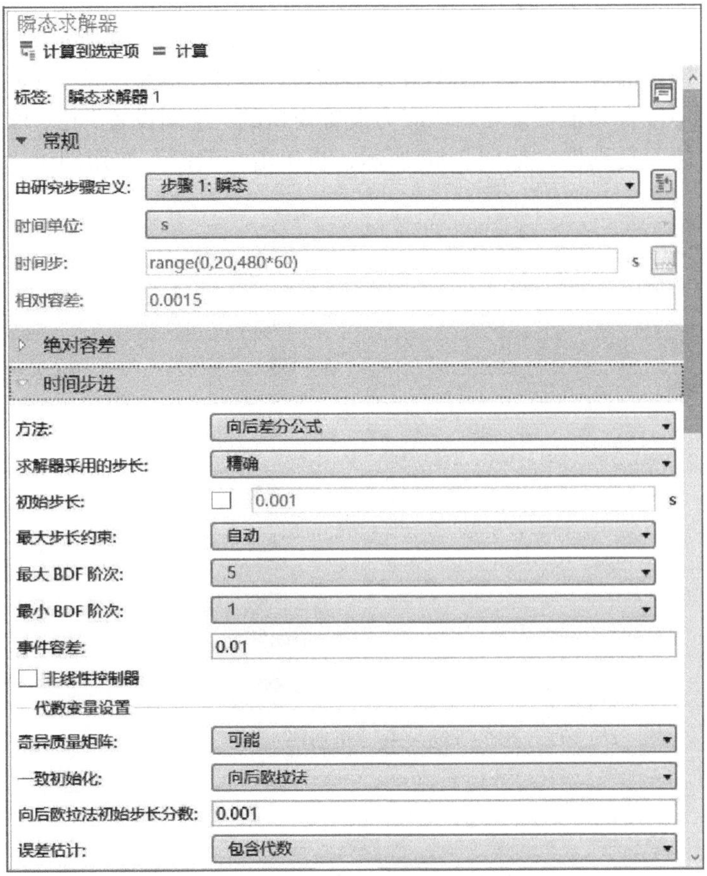

图 7-77　设置求解器配置

7.5　结果后处理 1

7.5.1　步骤 1:设置应力

在模型开发器窗口中,展开"结果→应力(solid)→表面 1"选项,在如图 7-78 所示表面设置窗口中,从"表达式"栏的"单位"下拉列表中选择"MPa"。展开"结果→应力(solid)→表面 1→变形"选项,在变形设置窗口中的"缩放"栏勾选"比例因子"复选框,并设置为"1",然后单击"绘制"按钮,即可绘制出 t=28800s 时焊点应力云图。因为热循环仿真中 MEMS 压力传感器金丝键合区域最易受到破坏，所以选择隐藏模型的其他部分，重点观察金丝键合区域。因此，在模型开发器窗口展开"组件 1(comp1)→几何 1"选项，在如图 7-79 所示右侧图形窗口上方将"选择对象 ⬭"切换为"选择域 ⬭"，然后在图形窗口中单击"单击和隐藏"命令，这里隐藏域 1、2、3、4、5、9 和 12，即只显示图 7-79 所示的 MEMS 压力传感器金丝键合部分。再回到模型开发器窗口，展开"结果→应力(solid)"选项，若此时模型还包含其他域，可以在应力设置窗口的"绘图设置"栏，取消勾选"显示隐藏的实体"复选框，如图 7-80 所示，再单击"绘制"按钮即可。

图 7-78　设置应力

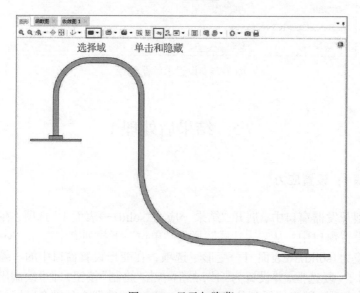

图 7-79　显示与隐藏

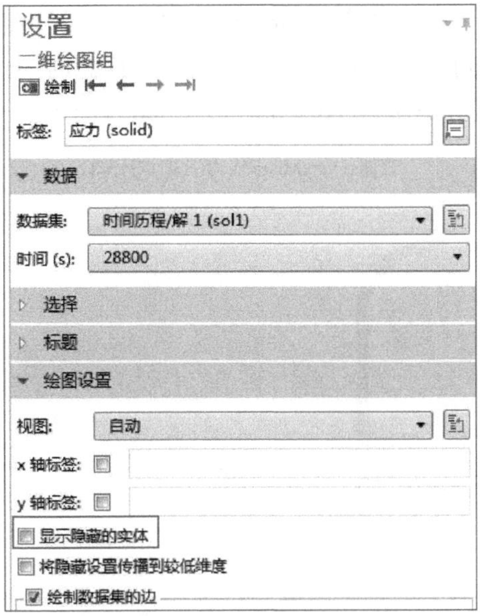

图 7-80　设置显示隐藏的实体

因为结果中的应力包含"塑性应变"和"蠕变应变"，所以想要获得清晰的应力云图，需要先禁用"塑性应变"和"蠕变应变"。在模型开发器窗口中分别右击"塑性应变"和"蠕变应变"，执行"禁用"命令，参数设置如图 7-81 所示。

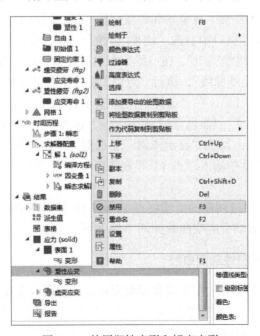

图 7-81　禁用塑性变形和蠕变变形

在模型开发器窗口单击"应力(solid)",在应力设置窗口中通过"时间(s)"右侧下拉列表选择时间,即可获得六次热循环中任意时间点(每两个时间点间隔20s)金丝键合区域的应力云图。图 7-82 为 t=28800s 时金丝键合区域的应力云图。

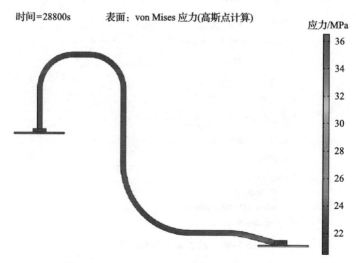

时间=28800s　　　表面:von Mises 应力(高斯点计算)

图 7-82　t=28800s 时金丝键合区域的应力云图

7.5.2　步骤 2:绘制蠕变应变曲线

因为焊点失效主要发生在金丝和焊盘交接部位,所以主要观察点 13、19、42 和 44。在模型开发器窗口中右击"结果",执行"一维绘图组"命令。单击模型开发器窗口中的"一维绘图组",在一维绘图组设置窗口中修改标签为"蠕变应变曲线"。右击"蠕变应变曲线",执行"点图"命令。如图 7-83 所示,在点图设置窗口修改标签为"点 13",在"选择"栏选择点 13。在下方的"y 轴数据"栏的右边单击"替换表达式"(黑色方框)按钮▣▼,选择如图 7-84 所示的表达式。然后定位到"图例"栏,勾选"显示图例"复选框。从"图例"下拉列表选择"手动"。在下面的文本框中输入"点 13 等效蠕变应变",如图 7-85 所示。最后单击"绘制"按钮。

以点 13 为例,通过同样的步骤将点 19、42 和 44 的等效蠕变应变曲线也绘制出来。四个点的等效蠕变应变曲线如图 7-86 所示。

7.5.3　步骤 3:绘制塑性应变曲线

因为焊点失效主要发生在金丝和焊盘交接部位,所以主要观察点 13、19、42 和 44。与步骤 2 类似,在模型开发器窗口中右击"结果",执行"一维绘图组"命令。单击模型开发器窗口中的"一维绘图组",在一维绘图组设置窗口修改标签

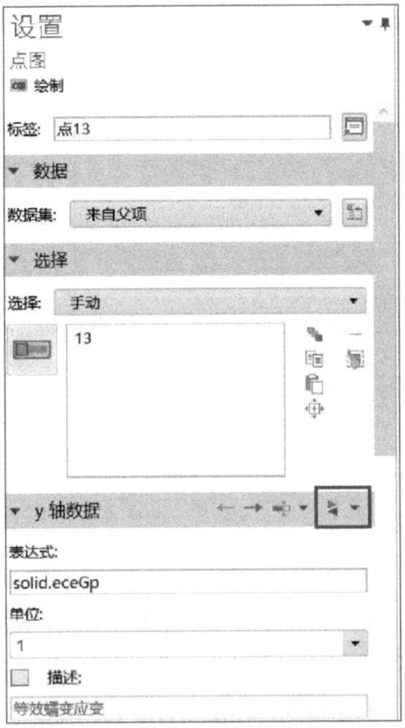

设置

点图

▣ 绘制

标签: 点13

▼ 数据

数据集: 来自父项

▼ 选择

选择: 手动

13

▼ y 轴数据

表达式:

solid.eceGp

单位:

1

☐ 描述:

等效蠕变应变

图 7-83 选择点 13(蠕变)

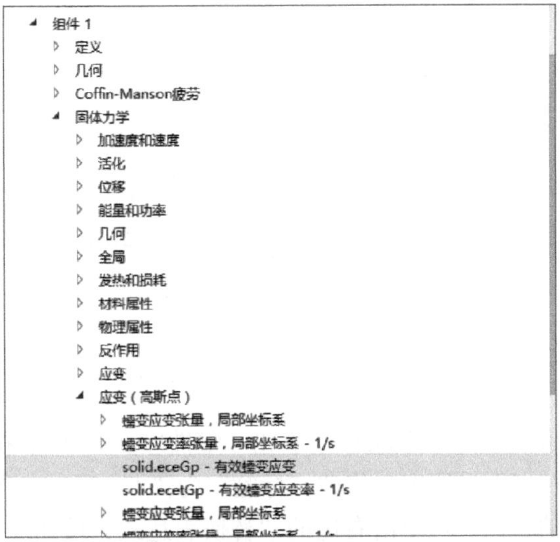

▷ 组件 1
  ▷ 定义
  ▷ 几何
  ▷ Coffin-Manson疲劳
  ▲ 固体力学
    ▷ 加速度和速度
    ▷ 活化
    ▷ 位移
    ▷ 能量和功率
    ▷ 几何
    ▷ 全局
    ▷ 发热和损耗
    ▷ 材料属性
    ▷ 物理属性
    ▷ 反作用
    ▷ 应变
    ▲ 应变（高斯点）
      ▷ 蠕变应变张量，局部坐标系
      ▷ 蠕变应变率张量，局部坐标系 - 1/s
        solid.eceGp - 有效蠕变应变
        solid.ecetGp - 有效蠕变应变率 - 1/s
      ▷ 蠕变应变张量，局部坐标系
      ▷ 蠕变应变率张量，局部坐标系 - 1/s

图 7-84 选择表达式(蠕变)

点图

▣ 绘制

▷ 标题

▼ x 轴数据

参数:

时间

单位:

s

▷ 着色和样式

▷ 质量

▼ 图例

☑ 显示图例

图例: 手动

图例

点13等效蠕变应变

图 7-85 设置图例(蠕变)

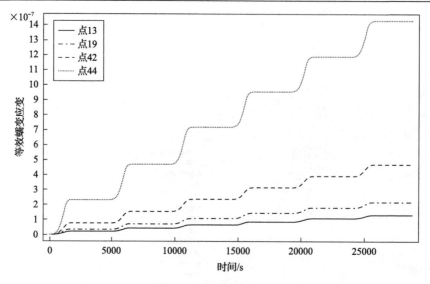

图 7-86　蠕变应变曲线

为"塑性应变曲线"。右击"塑性应变曲线",执行"点图"命令。如图 7-87 所示,在点图设置窗口修改"标签"为"点 13",在"选择"栏选择点"13"。在下方"y轴数据"栏单击右边的"替换表达式"按钮 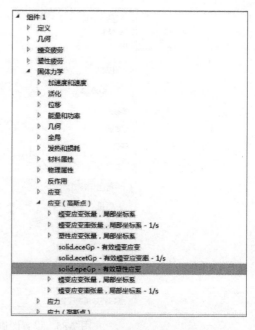,选择如图 7-88 所示的表达式。在"图例"栏,勾选"显示图例"复选框,从"图例"下拉列表中选择"手动",

图 7-87　选择点 13(塑性)　　　　　图 7-88　选择表达式(塑性)

在下面的文本框中输入"点 13 的等效塑性应变"，如图 7-89 所示。最后单击"绘制"按钮。

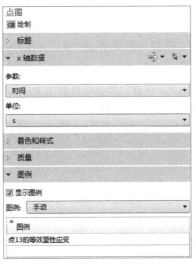

图 7-89　设置图例(塑性)

以点 13 为例，通过同样的步骤将点 19、42 和 44 的等效塑性应变曲线也绘制出来。四个点的等效塑性应变曲线如图 7-90 所示。

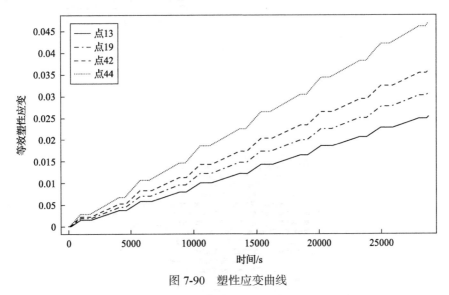

图 7-90　塑性应变曲线

7.5.4　步骤 4：应力应变曲线(蠕变)

在步骤 2 绘制的应变曲线中，比较四个点的等效蠕变应变可以发现点 44 的等效蠕变应变最大。因此，在这一步骤中只研究点 44 的应力应变曲线。在"主屏幕"工具栏中单击"添加绘图组"，在下拉选项中执行"一维绘图组"命令。单击模型开发器窗口中的"一维绘图组"，在一维绘图组设置窗口中修改"标签"为"蠕变应力应变曲线"。右击模型开发器窗口中的"蠕变应力应变曲线"，执行"点图"命令。在点图设置窗口的"选择"栏选择点"44"。在"y 轴数据"栏右侧单击"替换表达式"按钮 📷 ▾，展开"组件 1(comp1)→固体力学→应力(高斯点)→应力张量，高斯点计算(空间坐标系)-N/m² →solid.sGpxy-应力张量，高斯点计算，xy 分量"选项，如图 7-91 所示。将"y 轴数据"的单位改为"MPa"。同样的设置，定

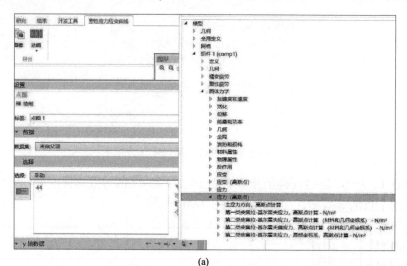

(a)

(b)

图 7-91　替换 y 轴数据表达式(蠕变)

位到"x 轴数据"部分，单击"替换表达式"按钮 ，选择"组件 1(comp1)→固体力学→应变(高斯点)→蠕变应变张量，局部坐标系→solid.ecGp12-蠕变应变张量，局部坐标系，12 分量"选项，如图 7-92 所示。单击"绘制"按钮，结果如图 7-93 所示。

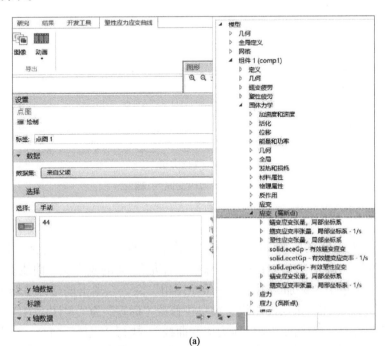

(a)

(b)

图 7-92　替换 x 轴数据表达式(蠕变)

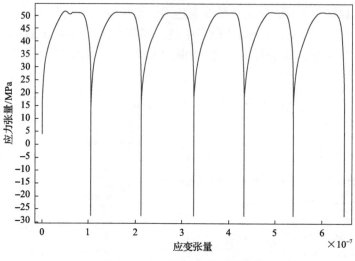

图 7-93　应力应变曲线(蠕变)

7.5.5　步骤 5：应力应变曲线(塑性)

在步骤 3 绘制的应变曲线中，可以比较四个点的等效塑性应变，发现点 44 的等效塑性应变最大。所以在这一步骤中只研究点 44 的应力应变曲线。在"主屏幕"工具栏中单击"添加绘图组→一维绘图组"命令。单击模型开发器窗口中的"一维绘图组"。在一维绘图组设置窗口中修改"标签"为"塑性应力应变曲线"。右击模型开发器窗口中的"塑性应力应变曲线"，执行"点图"命令。在点图设置窗口的"选择"栏选择点"44"。在"y 轴数据"右侧单击"替换表达式"按钮 ，选择"组件 1(comp1)→固体力学→应力(高斯点)→应力张量，高斯点计算(空间坐标系)-N/m²→solid.sGpxy-应力张量，高斯点计算，xy 分量"选项，如图 7-94

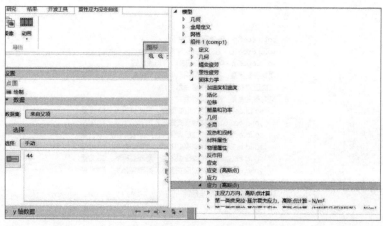

(a)

▷ 能量和功率
▷ 几何
▷ 全局
▷ 发热和损耗
▷ 材料属性
▷ 物理属性
▷ 反作用
▷ 应变
▷ 应变（高斯点）
▷ 应力
▲ 应力（高斯点）
　▷ 主应力方向，高斯点计算
　　solid.misesGp - von Mises 应力，高斯点计算 - N/m²
　　solid.pmGp - 压力，高斯点计算 - N/m²
　　solid.trescaGp - Tresca 应力，高斯点计算 - N/m²
　▷ 第一类皮奥拉-基尔霍夫应力，高斯点计算 - N/m²
　▷ 第二类皮奥拉-基尔霍夫应力，高斯点计算（材料和几何坐标系）- N/m²
　▷ 第二类皮奥拉-基尔霍夫偏应力，高斯点计算（材料和几何坐标系）- N/m²
　▷ 第二类皮奥拉-基尔霍夫应力，局部坐标系，高斯点计算 - N/m²
　▲ 应力张量，高斯点计算（空间坐标系）- N/m²
　　solid.sGpx - 应力张量，高斯点计算，x 分量
　　solid.sGpxy - 应力张量，高斯点计算，xy 分量
　　solid.sGpxz - 应力张量，高斯点计算，xz 分量
　　solid.sGpy - 应力张量，高斯点计算，y 分量
　　solid.sGpyz - 应力张量，高斯点计算，yz 分量
　　solid.sGpz - 应力张量，高斯点计算，z 分量

(b)

图 7-94　替换 y 轴数据表达式（塑性）

所示。将下面的单位改为"MPa"。定位到"x 轴数据"栏，单击"替换表达式"
按钮 ，选择"组件 1（comp1）→固体力学→应变（高斯点）→塑性应变张量，局
部坐标系→solid.eplGp12-塑性应变张量，局部坐标系，12 分量"选项，如图 7-95
所示。单击"绘制"按钮，结果如图 7-96 所示。

(a)

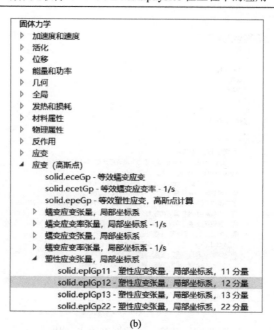

(b)

图 7-95 替换 x 轴数据表达式(塑性)

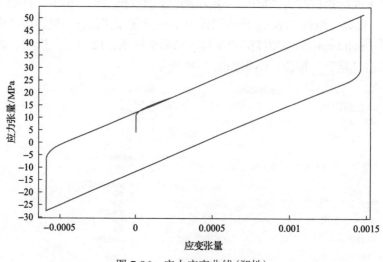

图 7-96 应力应变曲线(塑性)

7.6 问题求解 2

7.6.1 步骤 1: 添加研究(蠕变)

在"主屏幕"工具栏中单击"添加研究"按钮,弹出"添加研究"对话框。

如图 7-97 所示，在对话框下方的"研究中的物理场接口"中取消勾选"固体力学(solid)"和"塑性疲劳(ftg2)"复选框。选择"所选物理场接口的预设研究"中的"疲劳"选项，最后单击"主屏幕"工具栏中"添加研究"按钮，关闭对话框。

7.6.2　步骤 2：设置研究(蠕变)

在模型开发器窗口选择"研究 2"选项，在设置窗口中修改标签为"蠕变疲劳"。在模型开发器窗口展开"蠕变疲劳→步骤 1：疲劳"选项，在如图 7-98 所示的设置窗口中，在"不求解的变量值"栏，"设置"下拉列表中选择"用户控制"，"方法"下拉列表中选择"解"，"研究"下拉列表中选择"时间历程，瞬态"，"时间（s）"下拉列表中选择"来自列表"，选中 24000～28800s 区间段。因为蠕变在经过 6 次循环后趋于稳定，所以选择第六次循环即可。单击"蠕变疲劳"，并在蠕变疲劳的设置窗口中单击"=计算"按钮，开始计算。

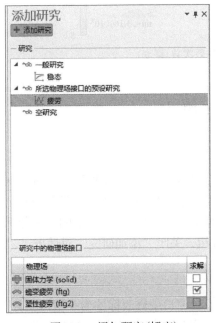

图 7-97　添加研究(蠕变)

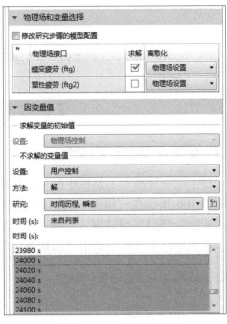

图 7-98　设置研究(蠕变)

7.7　结果后处理 2

在模型开发器窗口中，展开"结果→失效循环次数(ftg)→表面最大值/最小值"选项，即可在图形窗口中显示由蠕变引起的焊点失效最大值/最小值的云图，由蠕变引起的焊点疲劳失效的热循环次数为 3.16×10^8，如图 7-99 所示。

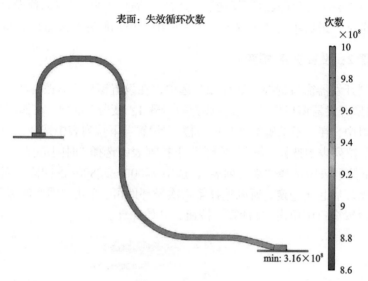

图 7-99　焊点最小的失效次数(蠕变)

7.8　问题求解 3

7.8.1　步骤 1：添加研究(塑性)

单击"主屏幕"工具栏中的"添加研究"按钮，弹出"添加研究"对话框。如图 7-100 所示在"研究中的物理场接口"分别取消勾选"固体力学(solid)"和"蠕变疲劳(ftg)"复选框。选择"所选物理场接口的预设研究"中的"疲劳"选项，在主屏幕工具栏中单击"添加研究"按钮，关闭"添加研究"对话框。

7.8.2　步骤 2：设置研究(塑性)

在模型开发器窗口单击"研究 3"，在设置窗口中修改标签为"塑性疲劳"。在模型开发器窗口展开"塑性疲劳→步骤 1：疲劳"选项，如图 7-101 所示，在疲劳设置窗口中，定位至"不求解的变量值"栏，从"设置"下拉列表中选择"用户控制"，"方法"下拉列表中选择"解"，"研究"下拉列表中选择"时间历程，瞬态"，"时间 (s)"下拉列表中选择"来自列表"，选中 24000～28800s 区间段。因为蠕变在经过 6 次循环后趋于稳定，所以选择第六次循环即可。

单击"塑性疲劳"按钮，并在塑性疲劳设置窗口中单击"计算"按钮，开始计算。

图 7-100　添加研究（塑性）　　　　　图 7-101　设置研究（塑性）

7.9　结果后处理 3

在模型开发器窗口中，展开"结果→失效循环次数(ftg2)→表面最大值/最小值"选项，在图形窗口中显示由塑性引起的焊点失效最大值/最小值的云图，热循环仿真中由塑性变形导致焊点失效的热循环次数为 1.94×10^3，如图 7-102 所示。

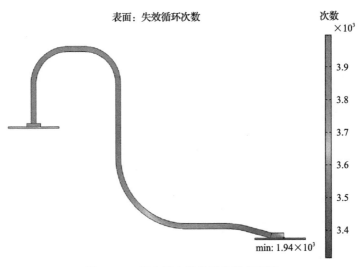

图 7-102　焊点最小的失效次数（塑性）

参 考 文 献

[1] Zhang T, Li H, Liu S, et al. Evolution of molten pool during selective laser melting of Ti-6Al-4V[J]. Journal of Physics D—Applied Physics, 2018, 52(5): 055302.

[2] Shen B N, Li H, Liu S, et al. Influence of laser post-processing on pore evolution of Ti-6Al-4V alloy by laser powder bed fusion[J]. Journal of Alloys and Compounds, 2020, 818: 152845.

[3] Shi L L, Zhou J T, Li H, et al. Evolution of multi pores in Ti6Al4V/AlSi10Mg alloy during laser post-processing[J]. Materials Characterization, 2021, 176: 111109.

[4] Zhou J T, Han X, Li H, et al. In-situ laser polishing additive manufactured AlSi10Mg: Effect of laser polishing strategy on surface morphology, roughness and microhardness[J]. Materials, 2021, 14(2): 393.

[5] Zhang D Q, Yu J, Li H, et al. Investigation of laser polishing of four selective laser melting alloy samples[J]. Applied Sciences, 2020, 10(2): 760.

[6] Sheng J Z, Li H, Shen S N, et al. Investigation on chemical etching process of FPCB with 18μm line pitch[J]. IEEE Access, 2021, 9: 50872-50879.